水利水电工程质量检测人员职业水平考核培训系列教材

U0268789

（第3版）

质量检测工作
基础知识

中国水利工程协会

丁　凯　　武宝义　主编

黄河水利出版社

·郑州·

图书在版编目(CIP)数据

质量检测工作基础知识/丁凯,武宝义主编. —3 版. —郑州:黄河水利出版社,2019.6

水利水电工程质量检测人员职业水平考核培训系列教材

ISBN 978 - 7 - 5509 - 2435 - 2

Ⅰ.质…　Ⅱ.①丁…②武…　Ⅲ.①水利水电工程 - 工程质量 - 质量检验 - 技术培训 - 教材　Ⅳ.①TV512

中国版本图书馆 CIP 数据核字(2019)第 129053 号

出　版　社:黄河水利出版社

　　　　　地址:河南省郑州市顺河路黄委会综合楼 14 层　　邮政编码:450003

发行单位:黄河水利出版社

　　　　　购书电话:0371 - 66022111

　　　　　E-mail:hhslzbs@ 126. com

承印单位:河南承创印务有限公司

开本:787 mm × 1 092 mm　1/16

印张:12

字数:277 千字　　　　　　　　　　　　　印数:1—2 000

版次:2019 年 6 月第 3 版　　　　　　　　印次:2019 年 6 月第 1 次印刷

定价:60.00 元

水利水电工程质量检测人员
职业资格考核培训系列教材

质量检测工作基础知识

（第 3 版）

编写单位及人员

主持单位　中国水利工程协会

编写单位　北京海天恒信水利工程检测评价有限公司

中国水利水电科学研究院

南京水利科学研究院

黄河水利委员会基本建设工程质量检测中心

武汉大学

水利部长春机械研究所

主　　编　丁　凯　武宝义

编　　写　（以姓氏笔画为序）

丁　凯　方　璟　方坤河　吕永强

阮　燕　朱雄江　杨清风　冷元宝

武宝义　张译丹　柳振华　陶秀珍

黄国兴

统　　稿　武宝义　朱雄江

工作人员　陶虹伟　王　宇

第3版序一

水利是国民经济和社会持续稳定发展的重要基础和保障,兴水利、除水害,历来是我国治国安邦的大事。水利工程是国民经济基础设施的重要组成部分,事关防洪安全、供水安全、粮食安全、经济安全、生态安全、国家安全。百年大计,质量第一,水利工程的质量,不仅直接影响着工程功能和效益的发挥,也直接影响到公共安全。水利部高度重视水利工程质量管理,认真贯彻落实《中共中央国务院关于开展质量提升行动的指导意见》,完善法规、制度、标准,规范和加强水利工程质量管理工作。

水利工程质量检测是"水利行业强监管"确保工程安全的重要手段,是水利工程建设质量保证体系中的重要技术环节,对于保证工程质量、保障工程安全运行、保护人民生命财产安全起着至关重要的作用。近年来,水利部相继发布了《水利工程质量检测管理规定》(水利部第36号令,2009年1月1日执行)、《水利工程质量检测技术规程》(SL 734—2016)等一系列规章制度和标准,有效规范水利工程质量检测管理,不断提高质量检测的科学性、公正性、针对性和时效性。与此同时,着力加强水利工程质量检测人员教育培训,由中国水利工程协会组织专家编纂的专业教材《水利水电工程质量检测人员从业资格考核培训系列教材》第1版(2008年11月出版)和第2版(2014年4月出版),对提升水利工程质量检测人员的专业素质和业务水平发挥了重要作用。

2017年9月12日,国家人社部发布《人力资源社会保障部关于公布国家职业资格目录的通知》(人社部发〔2017〕68号),水利工程质量检测员资格列入保留的140项《国家职业资格目录》中,水利工程质量检测员资格作为水利行业水平评价类资格获得国家正式认可,水利部印发了《水利部办公厅关于加强水利工程建设监理工程师造价工程师质量检测员管理的通知》(办建管〔2017〕139号)。为了满足水利工程质量检测人员专业技能学习,配合水利部对水利工程质量检测员水平评价职业资格的管理工作,最近,中国水利工程协会又组织专家,对原《水利水电工程质量检测人员从业资格考核培训系列教材》进行了修编,形成了新第3版教材,并更名为《水利水电工程质量检测人员职业水平考核培训系列教材》。

本次修编,充分吸纳了各方面的意见和建议,增补了推广应用的各种新方法、新技术、新设备以及国家和行业有关新法规标准等内容,教材更加适应行业教育培训和国家对质量检测员资格管理的新要求。我深信,第3版系列教材必将更加有力地支撑广大质量检测人员系统掌握专业知识、提高业务能力、规范质量检测行为,并将有力推进水利水电工程质量检测工作再上新台阶。

水利部总工程师 刘伟平

2019 年 4 月 16 日

第 3 版序二

水利水电工程是重要的基础设施,具有防洪、供水、发电、灌溉、航运、生态、环境等重要功能和作用,是促进经济社会发展的关键要素。提高工程质量是我国经济工作的长期战略目标。水利工程质量不仅关系着广大人民群众的福祉,也涉及生命财产安全,在一定程度上也是国家经济、科学技术以及管理水平的体现。"百年大计,质量第一"一直是水利水电工程建设的根本遵循,质量控制在工程建设中显得尤为重要。水利工程质量检测是工程质量监督、管理工作的重要基础,是确保水利工程建设质量的关键环节。提升水利工程质量检测水平,提高检测人员综合素质和业务能力,是适应大规模水利工程建设的必然要求,是保证工程检测质量的前提条件。

为加强水利水电工程质量检测人员管理,确保质量检测人员考核培训工作的顺利开展,由中国水利工程协会主持,北京海天恒信水利工程检测评价有限公司组织于 2008 年编写了一套《水利水电工程质量检测人员从业资格考核培训系列教材》,该系列教材为开展质量检测人员从业资格考核培训工作奠定了坚实的基础。为了与时俱进、顺应需要,中国水利工程协会于 2014 年组织了对 2008 版的系列教材的修编改版。2017 年 9 月 12 日,根据国务院推进简政放权、放管结合、优化服务改革部署,为进一步加强职业资格设置实施的监管和服务,人力资源社会保障部研究制定了《国家职业资格目录》,水利工程质量检测员纳入国家职业资格制度体系,设置为水平评价类职业资格,实施统一管理。此类资格具有较强的专业性和社会通用性,技术技能要求较高,行业管理和人才队伍建设确实需要,实用性更强。在此背景下,配套系列教材的修订显得越来越迫切。

为提高教材的针对性和实用性,2017 年组织国内多年从事水利水电工程质量检测、试验工作经验丰富的专家、学者,根据国家政策要求,以符合工程建设管理要求和社会实际要求为宗旨,修订出版这套《水利水电工程质量检测人员职业水平考核培训系列教材》。本套教材可作为水利工程质量检测培训的教材,也可作为从事水利工程质量检测工作有关人员的业务参考书,将对规范水利水电工程质量检测工作、提高质量检测人员综合素质和业务水平、促进行业技术进步发挥积极作用。

中国水利工程协会会长　孙继昌

2019 年 4 月 16 日

第 1 版序

水利水电工程的质量关系到人民生命财产的安危,关系到国民经济的发展和社会稳定,关系到工程寿命和效益的发挥,确保水利水电工程建设质量意义重大。

工程质量检测是水利水电工程质量保证体系中的关键技术环节,是质量监督和监理的重要手段,检测成果是质量改进的依据,是工程质量评定、工程安全评价与鉴定、工程验收的依据,也是质量纠纷评判、质量事故处理的依据。尤其在急难险重工程的评价、鉴定和应急处理中,工程质量检测工作更起着不可替代的重要作用。如近年来在全国范围内开展的病险水库除险加固中对工程病险等级和加固质量的正确评价,在今年汶川特大地震水利抗震救灾中对震损水工程应急处置及时得当,都得益于工程质量检测提供了重要的检测数据和科学评价意见。实际工作中,工程质量检测为有效提高水工程安全运行保证率,最大限度地保护人民群众生命财产安全,起到了关键作用,功不可没!

工程质量检测具有科学性、公正性、时效性和执法性。

检测机构对检测成果负有法律责任。检测人员是检测的主体,其理论基础、技术水平、职业道德和法律意识直接关系到检测成果的客观公正。因此,检测人员的素质是保证检测质量的前提条件,也是检测机构业务水平的重要体现。

为了规范水利水电工程质量检测工作,水利部于 2008 年 11 月颁发了经过修订的《水利工程质量检测管理规定》。为加强水利水电工程质量检测人员管理,中国水利工程协会根据《水利工程质量检测管理规定》制定了《水利工程质量检测员管理办法》,明确要求从事水利水电工程质量检测的人员必须经过相应的培训、考核、注册,持证上岗。

为切实做好水利水电工程质量检测人员的考核培训工作,由中国水利工程协会主持,北京海天恒信水利工程检测评价有限公司组织一批国内多年从事检测、试验工作经验丰富的专家、学者,克服诸多困难,在水利水电行业中率先编写成了这一套系列教材。这是一项重要举措,是水利水电行业贯彻落实科学发展观,以人为本,安全至上,质量第一的具体行动。本书集成提出的检测方法、评价标准、培训要求等具有较强的针对性和实用性,符合工程建设管理要求和社会实际需求;该教材内容系统、翔实,为开展质量检测人员从业资格考核培训工作奠定了坚实的基础。

我坚信,随着质量检测人员考核培训的广泛、有序开展,广大水利水电工程质量检测从业人员的能力与素质将不断提高,水利水电工程质量检测工作必将更加规范、健康地推进和发展,从而为保证水利水电工程质量、建设更多的优质工程、促进行业技术进步发挥巨大的作用。故乐为之序,以求证作者和读者。

时任水利部总工程师

2008 年 11 月 28 日

第 3 版前言

2017 年 9 月 12 日国家人社部《人力资源社会保障部关于公布国家职业资格目录的通知》(人社部发〔2017〕68 号)发布,水利工程质量检测员资格作为国家水利行业水平评价类资格列入保留的 140 项《国家职业资格目录》中,水利工程质量检测员资格的保留与否问题终于尘埃落定。

为了响应国家对各类人员资格管理的新要求以及所面临的水利工程建设市场新形势新问题,水利部于 2017 年 9 月 5 日发出《水利部办公厅关于加强水利工程建设监理工程师造价工程师质量检测员管理的通知》(办建管〔2017〕139 号),在取消原水利工程质量检测员注册等规定后,重申了对水利工程质量检测员自身能力与市场行为等方面的严格要求,加强了事中"双随机"式的监督检查与违规处罚力度,强调了水利工程质量检测人员只能在一个检测单位执业并建立劳动关系,且要有缴纳社保等的有效证明,严禁买卖、挂靠或盗用人员资格,规范检测行为。2018 年 3 月水利部又对《水利工程质量检测管理规定》(水利部令第 36 号)及其资质等级标准部分内容和条款要求进行了修改调整,进一步明确了水利工程质量检测人员从业水平能力资格条件。

为了配合主管部门对水利工程质量检测人员职业水平的评价管理工作、满足广大水利工程质量检测人员检测技能学习与提高的需求,我们组织一批技术专家,对原《水利水电工程质量检测人员从业资格考核培训系列教材》第 1 版(2008 年 11 月出版)和第 2 版(2014 年 4 月出版)再次进行了修编,形成了新的第 3 版《水利水电工程质量检测人员职业水平考核培训系列教材》。

自本教材第 1 版问世 11 年来,收到了业内专家学者和广大教材使用者提出的诸多宝贵意见和建议。本次修编,充分吸纳了各方面的意见和建议,并考虑国家和行业有关新法规标准的发布与部分法规标准的修订,以及各种新方法、新技术、新设备的推广应用,更加顺应国家对各类人员资格管理的新要求。

第 3 版教材仍然按水利行业检测资质管理规定的专业划分,公共类一册:

《质量检测工作基础知识》;五大专业类六册:《混凝土工程》、《岩土工程》(岩石、土工、土工合成材料)、《岩土工程》(地基与基础)、《金属结构》、《机械电气》和《量测》,全套共七册。本套教材修编中补充采用的标准发布和更新截止日期为2018年12月底,法规至最新。

因修编人员水平所限,本版教材中难免存在疏漏和谬误之处,恳请广大专家学者及教材使用者批评指正。

编 者

2019 年 4 月 16 日

目 录

第一章 绪 论

第一节 水利水电工程质量管理

一、水利水电工程质量

水利水电工程质量是指在国家和水利水电行业现行的有关法律、法规、技术标准和批准的设计文件及工程合同中,对兴建的水利水电工程的安全、适用、经济、美观等特性的综合要求。

水利水电工程是国家基础设施工程,投入大,公益性强,对国民经济和社会发展具有重要作用。工程质量状况不仅关系到国家建设资金的有效使用,关系到人民群众生命财产的安全和经济、社会的持续健康发展,而且是国家经济、科学、技术、管理水平的体现。加强水利水电工程质量管理,保证水利水电工程质量,具有十分重要的意义。

二、水利水电工程质量管理

水利水电工程质量管理的主要要求为:水利水电工程建设各单位要积极推行全面质量管理,加强质量意识和质量管理知识的教育,提高劳动者的素质,采用先进的质量管理模式和管理手段,推广先进的科学技术和施工工艺,依靠科技进步和加强管理,不断提高工程质量,努力创建优质工程。

为了加强工程质量管理,国务院颁布了《建设工程质量管理条例》《关于加强基础设施工程质量管理的通知》;水利部颁布了《水利工程质量管理规定》《水利工程质量监督管理规定》《水利工程质量检测管理规定》《水利工程建设监理规定》《水利工程质量事故处理暂行规定》等,要求从以下几个方面做好工程质量管理工作,保证工程质量。

(一)建立工程质量责任制

我国水利工程建设项目实行项目法人(建设单位)负责、监理单位控制、施工单位保证和政府监督相结合的质量管理体制。水利工程项目法人(建设单位)、监理、设计、施工等单位的负责人,对本单位的质量工作负领导责任。各单位在工程现场的项目负责人对本单位在工程现场的质量工作负直接领导责任。各单位的工程技术负责人对质量工作负技术责任。具体工作人员为直接责任人。建设项目行业主管部门、主管地区的行政领导责任人,项目法定代表人,勘察设计、施工、监理等单位的法定代表人,要按各自的职责对其分管和经手的工程质量负终身责任。

(二)严格执行建设程序,确保建设前期工作质量

(1)严格执行建设程序,按照国家规定履行报批手续。国家基础设施工程的建设程序包括:项目建议书、可行性研究报告、初步设计、开工报告和竣工验收等工作环节。严禁任何部门、地区项目法人擅自简化建设程序、超越权限、化整为零进行项目审批。

(2)严格把好建设前期工作质量关。建设项目的项目建议书、可行性研究报告和初步设计文件,必须按照国家规定的内容,达到规定的工作深度。达不到规定要求和工作深度的项目不得审批。

(3)严格实行项目决策咨询评估制度。建设项目可行性研究报告须经有资质的咨询机构和专家的评估论证。

(三)建立健全工程建设管理制度

(1)坚持和完善招标投标制度。除国家保密和应急抢险工程等特殊情况外,基础设施工程建设项目的勘察设计、施工和主要设备、材料采购都必须实行公开招标。招标投标活动要严格按国家有关规定进行,体现公开、公平、公正、择优和诚信的原则,并合理划分标段,合理确定工期,按合理标价定标。

(2)坚持和完善工程监理制度。要严格监理单位的资质审查,要通过市场竞争,择优确定建设监理单位。监理单位在工程投资、进度和质量三大目标控制中,要把质量控制放在首位。

(3)坚持和完善合同管理制度。建设工程的勘察设计、施工、设备材料采购和工程监理要依法订立合同,实行合同管理制度。各类合同都要有明确的质量要求,对未订立合同或合同不符合规定要求的项目,不准开工。

(4)必须实行竣工验收制度。项目建成后,必须按国家有关规定进行严格的竣工验收,由验收人员签字负责。项目竣工验收合格后,方可交付使用。

(四)整顿和规范建设市场秩序

必须把好市场准入关。住房和城乡建设部、国家市场监督管理总局和有关行业主管部门,要依法加强对建设市场的监管。各有关部门对参加建设各单位的资质认定和市场准入,要严格把关。对咨询、设计、施工、监理和工程质量检测等执业人员的素质要从严要求。

(五)精心勘察设计,强化施工管理

(1)工程勘察单位要全面加强对现场踏勘、勘察纲要编制、原始资料收集和成果资料审核等环节的管理,必须对所提供的地质、地震、水文、气象等勘察资料的质量负责。设计单位要严格依据批准的可行性研究报告,按照国家规定的设计规范、规程和技术标准进行工程设计。

(2)施工单位要严格按照设计图纸、施工标准和规范进行施工。在施工组织设计中要有保证工程质量的措施,努力推广使用有利于提高工程质量的先进技术和施工手段,建立健全现场质量自检体系。对工程的重要结构部位和隐蔽工程要有质量预检和复检制度。

(3)材料设备要严格进行质量检验。项目法人和施工单位要对采购的材料和设备质量负责,监理单位要严格检验进场的材料和设备,严禁使用不合格的产品。

(4)建设资金要严加管理。各有关部门和银行要健全项目建设资金监管制度,对出现质量事故、存在质量隐患以及缺乏质量安全保障的项目,要停止拨款和贷款。对连续出现严重工程质量事故的地区和部门,有关部门要核减下年度投资并暂停审批新项目。

（六）加强政府监督和社会舆论监督

工程质量事关国家和人民生命财产安全,政府对工程质量的监督只能加强,不能削弱。政府必须对工程的质量,特别是基础设施、公共建筑的质量实行强制监督,既要对工程实体质量进行监督,又要对工程建设主体各方的质量行为实施监督。要发挥各行业主管部门和各级政府工程质量监督机构的作用,对建设工程质量实行强制性监督检查,对在质量监督中发现的问题要及时处理。

要充分发挥社会舆论监督作用,对质量好的工程要及时给予表扬,对重大质量事故要及时曝光。所有建设项目的施工现场,必须按规定的内容挂牌公示;项目主管部门和主管地区政府要公布工程质量举报电话,自觉接受社会监督。

（七）加强工程建设法制工作,严肃建设政纪法纪

要进一步建立健全工程质量管理的有关法律、法规和规章制度。要严肃政纪法纪,严格执法,切实做到有法必依、执法必严、违法必究。同时,要在各级干部和广大职工中深入进行质量教育,增强质量意识和法制观念。

第二节 水利水电工程质量检测

水利水电工程质量检测是指水利水电工程质量检测单位对水利水电工程施工质量或用于工程建设的原材料、中间产品、金属结构、机电设备等进行的检查、度量、测量或试验,并将结果与规定要求进行比较,以确定质量是否合格所进行的活动。水利水电工程质量检测是质量监督、质量检查和质量评定、验收的重要手段,检测结果是进行工程质量纠纷评判、质量事故处理、改进工程质量和工程验收的重要依据,可见,水利水电工程质量检测对控制工程质量具有重要的保证。因此,规范水利水电工程质量检测行为,提高质量检测水平,加强质量检测管理,做好质量检测工作,具有十分重要的作用。

一、检测和检验

检测是对实体一种或多种性能进行检查、度量、测量和试验的活动。检测的目的是希望了解检测对象某一性能或某些性能的状况。

检验是对实体的一种或多种性能进行检查、度量、测量和试验,并将结果与规定要求进行比较,以确定每项特性合格情况所进行的活动。也就是说,检验的目的是要求判定检测的对象是否合格。对所检验对象性能（指标）的要求,应在技术标准、规范或经批准的设计文件中进行具体的规定。检验应包括以下内容:

（1）确定检测对象的质量标准。

（2）采用规定的方法对检测对象进行检测。

（3）将检测结果与标准指标进行比较。

（4）做出检测对象是否合格的判断。

二、质量检测的作用

（一）检测是施工过程质量保证的重要手段

工程质量是在施工过程中形成的,只有通过施工单位的自检,监理单位的抽检,及时发现影响质量的因素,采取措施把质量事故消灭在萌芽状态,并使每一道工序质量都处于受控状态,把好每道工序的施工质量关,才能保证工程的整体质量。这种检测贯穿于施工的始末,是施工过程质量保证的重要手段。

(二)检测是工程质量监督和监理的重要手段

我国水利水电工程建设项目实行项目法人(建设单位)负责、监理单位控制、施工单位保证和政府监督相结合的质量管理体制。除了施工单位通过自检来保证工程质量外,监理单位通过抽检来控制工程质量,政府质量监督单位、建设单位或监理单位必要时可以委托具备相应资质的工程质量检测单位进行质量检测,提供科学、公正、权威的工程质量检测报告,作为工程质量评定、工程验收的依据。

(三)检测结果是工程质量评定、工程验收和工程质量纠纷评判的依据

工程质量评定、工程验收都离不开检测数据。质量的认定必须以检测数据或检测结果为依据,质量合格才能通过工程验收。

(四)检测结果是质量改进的科学依据

对检测数据进行处理和分析,不仅可以科学地反映工程的质量水平,而且可以了解影响质量的因素,寻找存在的问题,有针对性地采取措施改进质量。

(五)检测结果是进行质量事故处理的重要依据

发生重大质量、安全事故,需要通过质量检测查找事故成因,分析事故的影响面和严重程度,追究责任,确定整改或报废范围。

三、水利水电工程质量检测的依据

(一)水利水电工程质量检测的依据

水利水电工程质量检测的依据包括以下几方面:

(1)法律、法规、规章的规定。

(2)国家标准、水利水电行业标准。

(3)工程承包合同认定的其他标准和文件。

(4)批准的设计文件,金属结构、机电设备安装等技术说明书。

(5)其他特定要求。

(二)检测依据国家法律、法规、规章

1984年2月7日国务院发布的《国务院关于在我国统一实行法定计量单位的命令》规定,我国的计量单位一律采用《中华人民共和国法定计量单位》。《中华人民共和国计量法》第三条规定,国家实行法定计量单位制度。国际单位制计量单位和国家选定的其他计量单位,为国家法定计量单位。国家法定计量单位的名称、符号由国务院公布。第二十二条规定,为社会提供公正数据的产品质量检验机构,必须经省级以上人民政府计量行政部门对其计量检定、测试的能力和可靠性考核合格。1990年4月6日国务院令第53号发布的《中华人民共和国标准化法实施条例》第二十三条规定,从事科研、生产、经营的单位和个人,必须严格执行强制性标准。《中华人民共和国产品质量法》第十九条规定,产品质量检验机构必须具备相应的检测条件和能力,经省级以上人民政府产品质量监督部门或者其授权的部门考核合格后,方可承担产品质量检验工作。

2008 年 11 月水利部 36 号令颁布了《水利工程质量检测管理规定》。第二条规定,从事水利工程质量检测活动以及对水利工程质量检测实施监督管理,适用本规定。明确水利工程质量检测的对象是"水利工程实体以及用于水利工程的原材料、中间产品、金属结构和机电设备"。第三条规定,从事水利工程质量检测的检测单位"应当按照本规定取得资质,并在资质等级许可的范围内承担质量检测业务"。将水利工程质量检测单位的资质分为岩土工程、混凝土工程、金属结构、机械电气和量测共 5 个类别,每个类别分为甲级、乙级 2 个等级。第三条还规定"取得甲级资质的检测单位可以承担各等级水利工程的质量检测业务。大型水利工程(含一级堤防)主要建筑物以及水利工程质量与安全事故鉴定的质量检测业务,必须由具有甲级资质的检测单位承担。取得乙级资质的检测单位可以承担除大型水利工程(含一级堤防)主要建筑物以外的其他各等级水利工程的质量检测业务。"明确了水利工程的主要建筑物是指"失事以后将造成下游灾害或者严重影响工程功能和效益的建筑物,如堤坝、泄洪建筑物、输水建筑物、电站厂房和泵站等"。第四条规定了"从事水利工程质量检测的专业技术人员(以下简称检测人员),应当具备相应的质量检测知识和能力,并按照国家职业资格管理的规定取得从业资格"。

2018 年 4 月 4 号,水利部发布了"水利工程质量检测单位资质等级标准的公告(水利部公告〔2018〕3 号)",明确了水利工程质量检测单位资质等级标准,其中检测能力要求中新增项目和参数于 2019 年水利工程质量检测单位资质审批时使用。

水利部和国家有关行业部门发布的有关法律、法规都对质量检测行为进行了规定,这些都是质量检测工作必须遵守的,也是质量检测工作得以开展的法律、法规依据。

(三)检测依据的管理标准和技术标准

我国的标准有技术标准、经济标准和管理标准。对于检测,我国制定了管理标准和技术标准,以规范检测行为和检测方法。

1. 管理标准

管理标准主要是规范检验检测机构和个人行为的方法标准。例如《检测和校准实验室能力的通用要求》(GB/T 27025—2008 /ISO/IEC 17025:2005)、《测量管理体系 测量过程和测量设备的要求》(GB/T 19022—2003 IDT ISO 10012:2003)、《质量管理体系 要求》(GB/T 19001—2016/ISO 9001:2015)、《检验检测机构资质认定能力评价 检验检测机构通用要求》(RB/T 214—2017)。

2. 技术标准

我国的标准有国家标准、行业标准、地方标准、企业标准等。

根据标准化法,对需要在全国范围内统一的技术要求,应当制定国家标准。对没有国家标准而又需要在全国某个行业范围内统一的技术要求,可以制定行业标准。对没有国家标准和行业标准而又需要在省、自治区、直辖市范围内统一的工业产品的安全、卫生要求,可以制定地方标准。企业生产的产品应当围绕国家标准和行业标准贯彻实施,制定企业标准,作为组织生产的依据,企业的产品标准须报当地政府标准化行政主管部门和有关行政主管部门备案。已有国家标准或行业标准的,国家鼓励企业制定严于国家标准或行业标准的企业标准,在企业内部适用。

水利水电工程质量检测工作中经常会使用到的技术标准,将在本系列教材各册的相应章节中分别讲述。

3.标准的使用

质量检测时,标准的使用一般遵循以下规则:

当检测对象有水利部发布实行的行业标准时,应采用水利部发布的行业标准;当检测对象只有国务院其他部委发布实行的行业标准时,如检测水泥性能的标准,应采用该部委发布的行业标准;当检测对象没有行业标准只有国家标准时,应采用国家标准;当检测对象没有国家标准、行业标准时,可以视情况采用企业标准。水利工程一般不采用地方标准,只有地方标准的要求高于行业标准时,才采用地方标准。在检测标准选择中,对相关技术指标应当以技术兼容为最优原则。

原则上检验检测机构无权决定对检测对象采用何种标准,采用标准的决定权在设计单位和检测任务的委托方(建设、监督、监理、施工、验收、质量事故处理、质量纠纷仲裁等单位)。设计单位在设计和招标文件中已经明确了检测采用的标准,业主应按设计和招标文件规定采用的标准委托检测。检验检测机构应按合同要求采用检测标准。但检验检测机构应负有提醒责任,当发现委托方在合同中不确定采用标准或对指定采用的标准有疑问时,应当提醒确认,以免用错标准。采用的标准应在检测委托合同书中明确。

任何情况下,检测应使用现行有效的标准。除非委托人为某种特殊目的,明确要求采用某过期标准对检测对象进行检测,或对标准的某条款加以修改使用,这时检验检测机构应负有提醒和明确责任的义务,在合同中特别说明该情况,并应明确告知委托人,所出具的检测报告按规定不能加盖资质认证CMA印章。

四、水利水电工程质量检测的特点

(一)科学性

水利水电工程质量检测工作涉及水工建筑、金属结构和机电设备、施工、材料、地质、计量、测绘、计算机、自动化等专业学科的知识。也可以说,检测人员在长期检测工作实践和综合上述专业学科的理论、技术基础上,形成了检测专业的系统理论和科学技术,使得检测工作的技术、方法有一定的科学依据。

现行国家行业规范、规程所涉及的技术和方法,都是该行业当前成熟的技术、方法,并且是理论上曾严格论证、实践中切实可行的技术和方法。检测必须依据国家和行业部门颁布的技术规范、规程进行,检测的依据、检测项目、抽样方法、判定规则等,也必须严格执行有关规定和标准,从而保证检测工作的科学性。

对检测数据进行处理和分析,做出符合实际的工程质量评价,离不开专业理论和专业技术,体现了检测工作的科学性。

(二)公正性

检测的公正性表现为以下方面:其一,检测工作以法律为准绳,以技术标准为依据,检测结果遵循以数据为准的判定原则,客观、公正。其二,施工企业、监督和监理单位使用的检测方法都相同,对同一检测对象,检测的数据结果可比对,具有唯一性。检测结果唯一性是检测公正性的保证条件之一。其三,政府质量监督单位、建设单位或监理单位必要时可以委托具备相应资质的工程质量检测单位(第三方)进行质量检测,第三方质量检测单位与被检测单位不存在任何经济利益关系,站在第三者的立场上,进行实事求是的检测,做出不带任何偏见、符合客观实际的判断和公正的评价,这也体现了检测的公正性。

(三)及时性

工程施工进度有严格的时间要求,需要检测工作适应施工进程,及时进行检测,保证及时向有关部门提供检测资料。根据检测资料控制施工质量,改进施工工艺,评价工程质量。如果检测不及时或失去检测机会,就可能使施工质量处于失控状态,如果出现质量问题便不能及时发现和处理。

(四)权威性

工程质量检测单位具备相应资质,工程质量检测人员持证上岗,检测工作以法律为准绳,检测的过程是严格执行法律法规的过程,检测结果具有法律效力,这就是检测工作的权威性特征。

(五)局限性

一般说来,检测只能针对样品进行,而取样本身往往带有人员的主观选择性,很难真正做到随机性,用样品的质量特性来代替检验批产品的质量特性,也总会有一定的偏离,如果抽样的代表性偏差大,检测结果对产品质量甚至有可能出现误判。因此,质量检测具有局限性。

五、质量检测的步骤和要求

(一)签订合同

质量检测单位与质量检测的委托方签订委托合同,委托合同应包括以下事项和内容:

(1)检测工程名称。

(2)检测具体项目内容和要求。

(3)检测的依据。

(4)检测方法、检测仪器设备、检测抽样方式。

(5)完成检测的时间和检测成果的交付要求。

(6)检测费用及其支付方式。

(7)违约责任。

(8)委托方与水利工程质量检测单位代表签章和时间。

(9)其他必要的约定。

(二)质量检测的准备

熟悉合同、检测标准和技术文件规定要求,明确检测项目内容,确定检测方法,选择精度适合检测要求的仪器设备,制定规范化的检测规程(细则)。在检测的准备阶段,必要时要对检测人员进行相关知识和技能的培训与考核,确认能否适应检测工作的需要。

(三)检测试验的实施

按已确定的检测方法和方案,对工程质量特性进行定量或定性的观察、度量、测量、检测和试验,得到需要的量值和结果。检测试验实施的前后,检测人员要确认检测试验仪器设备和被检物品试样状态正常,保证检测试验数据的正确、有效。

(四)记录

质量检测记录是证实产品质量的证据,因此数据要客观、真实,字迹要清晰、整齐,不能随意涂改,需要更改的要按规定程序和要求办理。质量检测记录不仅要记录检测数据,还要记录检测日期、班次及环境信息等,由检测人员签名,便于质量追溯,明确质量责任。

(五)数据处理和检测结果的分析比较

通过数据处理并将检测结果与规定要求进行分析比较,确定每一项质量特性是否符合规定要求,从而判定被检测的项目是否合格。

(六)编写质量检测报告

报告须按规定编制,内容应客观,信息完整,数据可靠,结论准确,签名齐全。根据承担的检测任务及委托要求,水利工程质量检测报告一般常用两种形式:检测数据结果表格式报告和文字叙述式报告。检验检测机构所提交的水利工程质量检测纸质文字叙述式正式报告,须在其封面的机构名称位置加盖检验检测专用章,在封面上部加盖 CMA 印章(一般在左上角位置),全报告加盖骑缝章,并在封页后加入水利工程质量检测单位资质证书影印件。

六、对水利水电工程质量检测单位和检测人员的要求

(一)检测人员在检测中的作用和素质要求

检测是由人来完成的,检测人员的技术水平对正确理解和执行检测标准有决定性的作用。错误的理解将导致完全错误的检测行为,得到错误的检测数据,从而做出错误的判断。

检测人员的专业技术理论基础包括对检测对象相关知识的了解,对检测仪器设备性能的了解,对检测试验操作方法的掌握,对数据处理知识的掌握,必须经过检测基础知识的培训,熟练掌握操作程序和技术,通过统一考核,取得检测的从业资格。

检测人员具有熟练的操作技能还不够,还必须有排除各方面干扰和利益诱惑的能力,也就是必须保持公正性。检测人员的公正性会影响检测结果的公正性。检测的公正性丧失了,检测也就失去了质量保证和监督的意义。这方面的教训是深刻的,也是相当惨痛的。因此,检测人员必须严格遵守职业道德,增强法律意识,在检测过程中自觉地保持公正性。

1. 对检测人员技术水平的要求

对检测人员技术水平的要求包括以下几个方面:

(1)掌握与检测有关的仪器设备的结构原理、技术性能、使用及维护技术。

(2)掌握与检测项目有关的标准、规范和检测试验方法。

(3)掌握检测项目的操作和数据处理技术。

(4)掌握计量基础知识。

(5)掌握与检测对象性能有关的基础知识。

2. 对检测人员职业道德的要求

对检测人员职业道德的要求包括以下几个方面:

(1)忠于职守,努力完成检测任务。

（2）严格遵守各项规章制度，严格按照技术标准以及规范中规定的检测试验方法和操作规程进行检测工作。

（3）坚持科学的态度，实事求是，不得涂抹修改检测数据，不臆造数据，保证检测数据和结果的客观、真实、公正。

（4）坚持文明检测，保持试验室和检测试验现场的整洁。

（5）遵守国家法律，自觉维护客户的知识产权，对客户提供的技术资料保守秘密，对检测数据和结果不扩散、不利用。

（6）清正廉洁，平等对待所有客户的委托，不接受用户请客、送礼，不拉关系，不讲情面，不受经济利益诱惑，自觉抵制上级行政和外界的不良干预。

3.检测人员应享有的权利

检测人员应享有的权利包括以下几个方面：

（1）依法及时、足额获取正当报酬。

（2）参加学习和培训，不断提高技术业务水平。

（3）及时获取管理和检测有关信息。

（4）依法拒绝使用不合格仪器设备以及在不符合标准要求的环境中进行检测。

（5）拒绝不正当干预和不正当行为的诱惑，做好人身安全保护（检测环境和人身惩罚、报复）。

（二）水利水电行业对工程质量检测的相关要求

1.水利工程行业对检测人员的要求

水利工程质量检测人员应具备相应水利工程质量检测知识和能力，通过资格考核认证，取得《水利工程质量检测员资格证书》后，在一家检测单位进行执业，方可从事相应水利水电工程质量检测工作。2018年4月4号，水利部发布了《水利工程质量检测单位资质等级标准的公告》（水利部公告〔2018〕3号），规定检验检测机构取得每个类别甲级资质应具有水利工程质量检测员职业资格或者具备水利水电工程及相关专业中级以上技术职称人员不少于15人；检验检测机构的技术负责人要有10年以上从事水利水电工程建设相关工作经历，并具有水利水电专业高级以上技术职称。检验检测机构取得每个类别乙级资质应具有水利工程质量检测员职业资格或者具备水利水电工程及相关专业中级以上技术职称人员不少于10人；检验检测机构的技术负责人要有8年以上从事水利水电工程建设相关工作经历，并具有水利水电专业高级以上技术职称。检测技术人员从事检测试验工作年限要求是中专毕业5年、大专毕业3年、本科毕业1年以上，或取得工程及相关类初级及以上专业技术职务任职资格。水利工程质量检测员有效资格年龄期限为不超过65周岁。检测人员不允许在两个及以上的检测机构执业；检测人员应当按照法律、法规和标准开展质量检测工作，并对质量检测结果负责。

2.水利行业对检测单位的要求

根据水利部《水利工程质量检测管理规定》要求，检测单位必须是具有能够独立承担独立法律责任的事业单位或企业，通过资质认定，取得水利工程质量检测单位的相应资质后，方可承担资质等级许可范围的水利水电工程质量检测业务。任何单位和个人不得涂改、倒卖、出租、出借或者以其他形式非法转让《资质等级证书》；检测单位不得转包质量检测业务;未经委托方同意,不得分包质量检测业务;检测单位应当建立档案管理制度,检测合同、委托单、原始记录、质量检测报告应当按年度统一编号,编号应当连续,不得随意抽撤、涂改;检测单位应当单独建立检测结果不合格项目台账;质量检测试样的取样应当严格执行国家和行业标准以及有关规定,提供质量检测试样的单位和个人,应当对试样的真实性负责;检测单位应当将存在工程安全问题、可能形成质量隐患或者影响工程正常运行的检测结果以及检测过程中发现的项目法人(建设单位)、勘测设计单位、施工单位、监理单位违反法律、法规和强制性标准的情况,及时报告委托方和具有管辖权的水行政主管部门或者流域管理机构。

水利工程质量检测单位应建立健全质量保证体系,加强自身建设,积极采用先进的检测试验仪器设备和工艺,不断完善检测试验手段,规范检测试验技术方法,提高质量检测人员的素质,确保质量检测工作的科学性、准确性和公正性。

七、影响检测结果准确性的因素

影响水利水电工程质量检测结果准确性的因素有多种,主要有人的因素、检测方法的因素、检测设备的因素、检测环境的因素。

(一)人的因素

这里的"人"泛指参与检测工作的人员,并非人掌握了检测技术、具有良好职业道德就完全能够保证检测的准确性。人的因素是最不稳定的因素,这是因为人的精神状态是容易受各种干扰影响的,体力也是会在不同情况下发生变化的。例如,当一个人遇到不顺心的事或面对困难时,他的精神就难以集中,当他的身体不舒服或干工作时间很长的时候,他的体力就比较差,工作起来也不可能精力旺盛了。

人与人之间的配合也是非常重要的,但非常遗憾,人与人并不是总能配合得很好的,影响人与人之间配合的原因当然很多,比如其中某一个人心情不好,或者两个人对检测方法、技术标准认识不同或对某件事的看法不同而发生争执争论等。

因此,调整好人的精神状态和体力状态,调整好人与人之间的关系并统一认识,对保证检测结果的准确性有重要的作用。

(二)检测方法的因素

水利水电工程质量检测对象种类繁多,检测方法存在许多局限性和难以克服的问题,客观上会造成检测试验结果出现比较大的分散性(或离散性)。

(三)检测设备的因素

检测试验仪器设备保持与国家计量基准溯源的良好技术状态是非常重要的,国家对检验检测机构资质认定规定的计量器具(检测试验仪器设备)必须进行周期性检定或校准,这是保证检测结果的准确性维持在规定范围内的基本要求。计量器具或检测试验仪器设备不准确的后果是非常清楚的,无须赘述。

(四)检测环境的因素

检测活动都是在一定的环境条件下进行的。检测准确性的基本要求是检测环境的影响应该小于检测误差的影响。但是往往一些环境对检测结果的影响是很大的。比如,检测方法中要求的温度条件不能达到、电子计量器具(检测试验仪器设备)附近有强电磁干扰、精密天平附近有较大的振动干扰、检测地点附近有比较强烈的噪声等干扰源存在,都会对检测结果产生影响。

八、《水利工程质量检测技术规程》(SL 734—2016)介绍

为加强水利工程质量检测管理,规范检测行为,保证检测工作质量,使检测工作标准化、规范化,水利部于 2016 年 6 月 7 日批准发布《水利工程质量检测技术规程》(SL 734—2016),并于 9 月 7 日起实施。该标准适用于大中型水利工程(含 1 级、2 级、3 级堤防工程)包括建设期和运行期的实体质量检测活动,小型水利工程可参照执行。该标准与现行水利工程施工质量评定和管理形成互补与补充,满足水利行业工程建设施工质量控制、政府质量监督、专项检查稽察、竣工验收、司法鉴定、纠纷仲裁、安全鉴定等建设与管理工作需要。

该标准分为地基处理与支护工程、土石方工程、混凝土工程、金属结构、机械电气及水工建筑物尺寸等六大类别编制检测有关规定,每个类别根据不同的建筑物形式或设备类型具体规范检测项目、检测单元划分、检测方法、检测数量及质量评价等。

同时对水利工程项目法人全过程检测和竣工验收抽检提出如下基本要求。

(一)水利工程项目法人全过程检测基本要求

(1)项目法人对工程质量的全过程检测是对施工单位(含供货单位及安装单位,下同)质量检测的复核性检验。

(2)全过程检测对象可分为原材料、中间产品、构(部)件及工程实体(含金属结构、机电设备和水工建筑物尺寸)质量检测两个部分。

(3)项目法人应与受委托的检测单位签订工程质量检测合同。检测合同应包括合同双方的责任、义务及工程检测范围、内容、费用等。

(4)检测方案由项目法人提出编写原则及要求,受委托的检测单位负责编写,最后由项目法人认定,报质量监督机构备案。

(5)检测方案应根据工程的实际情况编写,内容主要包括原材料、中间产品、构(部)件质量检测频次和数量,工程实体需明确检测的工程项目,以及工程项目中的检测项目、检测单元的划分,采用的检测方法,测区、测点和测线的布置,质量评价的依据等。

(6)原材料、中间产品、构(部)件质量检测数量宜按照以下原则确定:

①原材料检测数量为施工单位检测数量的 1/5 ~ 1/10。

②中间产品、构(部)件的检测数量为施工单位检测数量的 1/10 ~ 1/20。

(7)工程实体质量应按照项目法人认定的检测方案中的检测项目、方法、数量进行检测。

(8)实施过程中可根据工程变化情况和需要对原检测方案进行修改。

(二)水利工程竣工验收质量抽检基本要求

(1)竣工验收质量抽检应遵循的原则是:根据工程竣工验收范围,依据国家和行业有关法规、技术标准规定和设计文件要求,结合工程现场实际情况实施抽检工作。

(2)承担竣工验收质量抽检的检测单位由竣工验收主持单位择定。检测单位应根据竣工验收主持单位、工程设计内容与实际完成情况等要求,确定抽检工程项目,依据本标

准规定,划分检测单元,明确检测方法和数量、检测与评价依据,编写检测方案,与项目法人签订竣工验收质量抽检合同,依法实施检测工作,检测方案由项目法人报质量监督机构和竣工验收主持单位核备。

(3)竣工验收质量抽检的范围,至少应为竣工验收所包含的全部永久工程中的各主要建筑物及其主要结构构件和设施设备,抽检对象应具有同类结构构件及设施设备的代表性。

(4)竣工验收质量抽检的数量,应不少于验收工程同类结构体和设备检测单元数量的1/3,最低不少于1个;水工建筑物尺寸抽检的数量宜按施工单位检测数量的1/10~1/20,但主要建筑物应全数检测。

当同一类检测单元数量大于10个时,抽检比例可为1/4;当同一类检测单元数量大于20个时,抽检比例可为1/5。对于堤防工程竣工验收工程质量抽样检测,宜不超过2 km抽检1个检测单元,每段堤防至少抽检1个检测单元,对于填筑材料发生变化的堤段,应重新布设检测单元。宜对抽检的检测单元的检测项目全部进行检测。

(5)水利工程竣工验收质量抽检的部位,除正常布置外,应依据工程建设过程有关文件资料,在工程的重要部位、建设过程中发生过质量问题部位、在各类检查和稽察中提出过问题的部位、质量监督单位认为应重点检查的部位、完工后发现质量缺陷等部位单独增加布置检测单元。

(6)当初步检测发现存在质量缺陷或质量问题时,应及时通报项目法人和竣工验收主持单位。对可即时实施返修或整改的质量缺陷或质量问题,应由相关责任单位实施返修或整改,然后进行复检。对抽检发现的不能即时实施返修整改的质量缺陷或质量问题,应报告竣工验收主持单位,竣工验收主持单位负责提出解决意见和措施。

(7)竣工验收质量抽检宜采用无损检测方法,减少或避免对工程及其建筑物重要部位或受力结构造成不可恢复的损坏。

第二章 计量与数据处理

第一节 术 语

一、量与量值

量是现象、物体或物质的可定性区别和定量确定的一种属性。它具有两个特性:一是可测;二是可用数学形式表明其物理含义。

计量学中的量,都是指可以测量的量。一般意义的量,如长度、温度、电流;特定的量,如某根棒的长度,通过某条导线的电流。可相互比较并按大小排序的量称为同种量。若干同种量合在一起可称为同类量,如功、热、能。

量值一般是由一个数乘以测量单位所表示的特定量的大小。

例:5.34 m 或 534 cm,15 kg,10 s,−40 ℃。

量的大小和量值的概念是有区别的。任意一个量,相对来说其大小是不变的,是客观存在的,但其量值将随单位的不同而不同;量值只是在一定单位下表示其量大小的一种表达形式。如 1 m = 1 000 mm,单位不同,同一物体可以得到不同的量值,但其量本身的大小并无变化。

量的纯数部分,即量值与单位的比值称为量的数值。

对于不能由一个数乘以测量单位所表示的量,可以参照约定参考标尺,或参照测量程序,或两者都参照的方式表示。约定参考标尺是针对某种特定量,约定地规定的一组有序的、连续或离散的量值,用作该种量按大小排序的参考,例如莫氏硬度标尺、化学中的 pH 标尺等。

二、测量与计量

测量是指以确定量值为目的的一组操作。操作的最终目的是把可测的量与一个数值联系起来,使人们对物体、物质、自然现象的属性认识和掌握,达到从定性到定量的转化,增强对自然规律的确信性和科学性。

计量是实现单位统一、量值准确可靠的活动。计量既是测量又不同于测量,它是与测量结果置信度有关的、与不确定度联系在一起的规范化的测量。

测量是计量的依托,没有测量就谈不上计量,计量的出现是测量发展的客观需要。计量是使测量结果具有真正价值的基础,计量又促进了测量的发展。也可以说,计量是测量的一种特殊形式,是保证测量统一和量值准确的测量。

三、计量器具

计量器具是指单独地或连同辅助设备一起用以进行测量的器具。在我国,计量器具也是测量仪器的同义语。其特点是:①可直接进行测量;②可以单独地或连同辅助设备一起使用的一种技术工具或装置。

计量器具是用来测量并能得到被测对象确定量值的一种技术工具或装置,其测量方法可以是直接测量,也可以是间接测量(通过测量两个以上的量再用公式计算后得到另一个所需的量)。

可以表示物体和现象量值的量具或仪表不一定就是计量器具,如一个恒温槽或一个烘箱,它具有可以在一定的时间里维持容器内温度的能力,但它不是计量器具,它不用于测量,也不能确定直接被测对象量值,它是一个恒温容器,而测量恒温容器或烘箱的温度计则是计量器具;但是当恒温槽或烘箱作为测量辅助装置时,例如要求恒温槽或烘箱恒温于某个或某组特定温度下才能测量某对象的性能量值时,该恒温槽或烘箱与其他进行测量的器具或设备组合为计量装置。因此,所定义的计量器具实质上是指所需要实现测量统一的测量器具和装置,包括计量基准、计量标准和需要量值溯源的工作用计量器具。

计量基准一般分为国家计量基准、副基准和工作基准。国家计量基准是用来复现和保存计量单位,具有现代科学技术所能达到的最高准确度,经国家鉴定并批准,作为统一全国计量单位量值的最高依据的计量器具。副基准是通过直接或间接与国家计量基准比对来确定其量值,并经国家鉴定批准的计量器具。工作基准是经与国家计量基准或副基准校准或比对,并经国家鉴定,实际用以检定计量标准的计量器具。

国家计量基准是全国量值溯源的最终端,它是统一全国量值的最高依据。建立副基准的目的主要是代替国家计量基准的日常使用,也可用于验证国家计量基准的变化。工作基准用于一般量值传递,即检定计量标准,以防止国家计量基准或副基准由于使用频繁而丧失其应有的准确度或遭受损坏。

在给定地区或在给定组织内,通常具有最高计量学特性的测量标准,在该处所做的测量均从它导出,称为参考标准。用于日常校准或核查实物量具、测量仪器或参考物质的测量标准,称为工作标准。工作标准通常用参考标准校准。用于确保日常测量工作正确进行的工作标准称为核查标准。

计量标准是按国家规定的准确度等级,作为检定依据用的计量器具或物质。其目的是将基准所复现的单位量值通过检定逐级传递到工作计量器具,从而确保工作用计量器具量值的准确一致,以保证国民经济各部门中所进行的测量达到统一,计量标准又分为计量标准器具和标准物质两种类型。

不用于检定工作而只用于日常测量的计量器具称为工作用计量器具。

四、测量系统与测量设备

测量系统就是组装起来进行特定测量的全套测量仪器和其他设备。测量系统可以包含实物量具和化学试剂。固定安装着的测量系统称为测量设备。

测量设备是测量仪器、测量标准、参考物质、辅助设备以及进行测量所必需资源的总称。需要强调的是,与过去常说的计量器具的概念相比,测量设备涵盖的范围不仅包括所有与测量活动相关的硬件设备,而且与测量硬件相关的各种必要软件资料数据等也属于测量设备的组成部分。因而,对测量设备的管理工作内容进一步扩大。全面加强对测量设备的管理工作,使其处于受控状态,是当前计量测量工作的基本要求。

五、计量器具的计量性能

计量器具的计量性能是反映计量器具计量特性和功能的各种指标与参数,它们将直接影响计量结果。主要包括:测量范围、稳定性、超然性、灵敏度、鉴别力阈、分辨力、响应、漂移、准确度、最大允许误差等。为了达到计量的预定要求,计量器具必须具有符合规范的计量特性。

标称值是指测量仪器上表明其特性或指导其使用的量值,该值为圆整值或近似值,例如标在标准电阻上的量值 100 Ω、标在单刻度量杯上的量值 1 L。

示值范围是计量器具所指示的起始值到终值的范围,也叫作指示范围。

标称范围是测量仪器的操纵器件调到特定位置时可得到的示值范围。

测量范围也称工作范围,是指测量仪器的误差处于规定的极限范围内的被测量的示值范围。

量程是标称范围两极限之差的模。

如光学高温计的示值范围为 0 ~ 1 400 ℃,而其测量范围为 700 ~ 1 400 ℃,量程则为 1 400 ℃ – 700 ℃ = 700 ℃。有的计量器具的示值范围和测量范围可能相同,如最低值为 – 20 ℃、最高值为 100 ℃ 的水银温度计,其示值范围和测量范围均为 – 20 ~ 100 ℃,其量程为 120 ℃。

极限条件是指测量仪器的规定计量特性不受损也不降低,其后仍可在额定操作条件下运行而能承受的极端条件。储存、运输和运行的极限条件可以各不相同,极限条件可包括被测量和影响量的极限值。

稳定性是指测量仪器保持其计量特性随时间恒定的能力。通常稳定性是指测量仪器的计量特性随时间不变化的能力。若稳定性不是对时间而是对其他量而言,则应该明确说明。稳定性可以进行定量的表征,主要是确定计量特性随时间变化的关系。通常可以用以下两种方式:用计量特性变化某个规定的量所经过的时间,或用计量特性经规定的时间所发生的变化量来进行定量表示。

例如,对于标准电池,对其长期稳定性(电动势的年变化幅度)和短期稳定性(3 ~ 5 d 内电动势变化幅度)均有明确的要求;如量块尺寸的稳定性,以其规定的长度每年允许的最大变化量(μm/a)来进行考核。上述稳定性指标均是划分准确度等级的重要依据。

对于测量仪器,尤其是基准、测量标准或某些实物量具,稳定性是重要的计量性能之一,示值的稳定是保证量值准确的基础。测量仪器产生不稳定的因素很多,主要原因是元器件的老化、零部件的磨损以及使用、储存、维护工作不仔细等。对测量仪器进行的周期检定或校准,就是对其稳定性的一种考核。稳定性也是科学合理地确定检定周期的重要依据之一。

超然性是指测量仪器不改变被测量的能力。它是测量仪器本身从原理、结构、使用上是否存在着对被测量值影响的能力。这是测量仪器在设计和使用中应考虑的一个重要因素。最好是不影响或使其影响减小到最少。实际上,在进行测量时,测量仪器几乎不可避免地要影响着被测量,存在着超然性,因为测量仪器与被测量之间必然有能量和物质的消耗,或仪器结构、使用方法对被测量的影响。例如,电流表、电压表在使用时会有电功率的消耗;千分尺、百分表在使用时存在着测量力作用于被测对象;热电偶测温时总伴有与外界的热交换影响。有的测量仪器由于内部的结构、其传动或指示机构的不平衡性,以及测量方法、使用环境等,都会对被测量值产生影响,这将会增大测量仪器的示值误差,影响测量仪器的准确度。当然也存在着具有超然性的测量仪器,如天平,它从仪器的结构和通过测量方法,如采用替代称量法或交换称量法则可以消除天平不等臂误差的影响,同时在同一条件下测量,可以消除其他相应的影响量带来的影响,所以这是超然性的。我们应该研究改进测量仪器的结构,或研究各种测量方法,来提高测量仪器的超然性,以减少测量仪器由于各种因素造成的对被测量值的影响。

灵敏度是指测量仪器响应的变化除以对应的激励变化。它是反映测量仪器被测量(输入)变化引起仪器示值(输出)变化的程度。它用被观察变量的增量即响应(输出量)与相应被测量的增量即激励(输入量)之商来表示。如被测量变化很小,而引起的示值(输出量)改变很大,则该测量仪器的灵敏度就高。灵敏度是测量仪器中一个十分重要的计量特性,它是反映测量仪器性能的重要指标,但有时灵敏度并不是越高越好。为了方便读数,使示值处于稳定,还需要特意降低灵敏度值。

鉴别力阈是指使测量仪器产生未察觉的响应变化的最大激励变化,这种激励变化应缓慢而单调地进行。它是指当测量仪器在某一示值给以一定的输入,确定某激励值,这种激励再缓慢从同一方向逐步增加,开始为未察觉响应的变化,当测量仪器的输出开始有可觉察的响应变化时,读取该激励值,此输入的激励变化称为鉴别力阈,也可简称鉴别力,同样可以在反行程进行。

例如,在一台天平的指针产生未觉察位移的最大负荷变化为 10 mg,则此天平的鉴别力阈为 10 mg;如一台电子电位差计,当同一行程方向输入量缓慢改变到 0.04 mV 时,则指针开始产生可觉察的变化,则其鉴别力阈为 0.04 mV。为了准确地得到其鉴别力阈值,则激励的变化(输入量的变化)应缓慢,同时应在同一行程上进行,以消除惯性或内部传动机构的间隙和摩擦。通常一台测量仪器其鉴别力阈应在同一示值上和对应在标尺上、中、下不同示值范围正反向行程进行测定,则其鉴别力阈值是不同的,因此可以按其最大的激励变化来表示测量仪器鉴别力阈值。鉴别力阈有时人们也习惯称为灵敏阈、灵敏限,是同一个概念。产生鉴别力阈的原因可能与噪声(内部、外部的)、摩擦、阻尼、惯性等有关,也与激励值有关。

要注意灵敏度与鉴别力阈的区别和关系。这是两个概念,灵敏度是被测量(输入量)变化引起了测量仪器示值(输出量)变化的程度,鉴别力阈是引起测量仪器示值(输出量)未觉察变化时被测量(输入量)的最大变化。但二者是相关的,灵敏度越高,其鉴别力阈越小;灵敏度越低,其鉴别力阈越大。如有两台检流计,A 台输入 1 mA,光标移动 10 格,B 台输入 1 mA,光标移动 20 格,则 B 台的灵敏度为 20 格/mA,比 A 台 10 格/mA 高,若人眼睛的分辨力可觉察的最小变化量为 0.1 格,则 A 台改变 0.1 格将输入 0.01 mA,B 台改变

0.1 格将输入 0.005 mA。可见 B 台的鉴别力阈为 0.005 mA,比 A 台的 0.01 mA 小,但 B 台的灵敏度比 A 台要高。

显示装置的分辨力是指显示装置能有效辨别的最小示值差,是显示装置中对其最小示值差的辨别能力。通常模拟式显示装置的分辨力为标尺分度值的 1/2,即用肉眼可以分辨到一个分度值的 1/2,当然也可以采取其他工具,如放大镜、读数显微镜等,提高其分辨力;对于数字式显示装置的分辨力为末位数字的一个数码,对半数字式的显示装置的分辨力为末位数字的一个分度。此概念也可以应用于记录式仪器。显示装置的分辨力可简称为分辨力。

要区别分辨力和鉴别力阈的概念,不要把二者相混淆。因为鉴别力阈必须在测量仪器处于工作状态时通过试验才能评估或确定数值,它说明响应的未觉察变化所需要的最大激励值,而分辨力只须观察显示装置,即使是一台不工作的测量仪器也可确定,是说明最小示值差的辨别能力的。

分辨力高可以降低读数误差,从而减少由于读数误差引起的对测量结果的影响。要提高分辨力,往往有很多因素,如指示仪器可增大标尺间距。要规定刻线和指针宽度,要规定指针和度盘间的距离等,这些一般在测量仪器的标准或检定规程中都应规定,因为它直接影响着测量的准确度,有的测量仪器则改进读数装置,如广泛使用的游标卡尺,它利用游标读数原理用游标来提高对卡尺读数的分辨力,使游标量具的游标读数值达到 0.10 mm、0.05 mm 和 0.02 mm。

响应特性是指在确定条件下,激励与对应响应之间的关系。这里的激励就是输入量或输入信号,响应就是输出量或输出信号,而响应特性就是输入输出特性。对一个完整的测量仪器来说,激励就是被测量,而响应就是它对应地给出的示值。显然,只有准确地确定了测量仪器的响应特性,其示值才能准确地反映被测量值。因此,可以说响应特性是测量仪器最基本的特性。

响应时间是指激励受到规定突变的瞬间,与响应达到并保持其最终稳定值规定极限内的瞬间,这两者之间的时间间隔。这是测量仪器动态响应特性的重要参数之一。响应时间是指输入输出关系的响应特性中,考核随着激励的变化其响应时间反映的能力。当然越短越好,响应时间短则反映指示灵敏快捷,有利于进行快速测量或调节控制。如动圈式温度指示调节仪,其性能上有一条规定,即阻尼时间,要求给仪表突然加上相当于标尺几何中心点的被测量(毫伏值或电阻值)的瞬时起至指针距最后静止位置不大于标尺弧长 ±10% 的范围为止,这个时间间隔对张丝支承仪表不超过 7 s,对轴承、轴尖支承仪表不超过 10 s,这一阻尼时间就是响应时间。正是由于动圈仪表是由张丝或轴承支承,指针在测量过程中要稳定下来需要一定时间,其调节性能不够理想、应用范围受到一定限制。对于线性一阶测量仪器来说,响应时间就是它的时间常数。

漂移是指测量仪器计量特性的慢变化。这是反映在规定条件下,测量仪器计量特性随时间的慢变化,如在几分钟、几十分钟或多少小时内保持其计量特性恒定能力的一个术语。如有的测量仪器所指的零点漂移,有的线性测量仪器静态特性随时间变化的量程漂移。如原子吸收光谱仪的一种冷原子吸收测汞仪,规定在外接交流稳压器、输出端接 10 mV 记录仪,仪器预热 2 h 后,测定 0.5 h 内零点的最大漂移应小于 0.1 mV。又如热导式氢分析器,规定用校准气体将示值分别调到量程的 5% 和 85%,经 24 h 后,分别记下前后读数,则 5% 处的示值变化称为零点漂移,其 85% 处的示值变化减去 5% 处示值的变化称为量程漂移,所引起的误差不得超过固有误差。产生漂移往往是由于温度、压力、湿度等变化所引起的,或由于仪器本身性能的不稳定。测量仪器使用时采取预热、预先放置一段时间与室温等温,是减少漂移的一些有效措施。

死区是指不致引起测量仪器响应发生变化的激励双向变动的最大区间。有的测量仪器由于机构零件的摩擦、零部件之间的间隙、弹性材料的变形、阻尼机构的影响,或由于被测量滞后等原因,在增大输入时,没有响应输出,或者在减少输入时,也没有响应变化,这一不会引起响应变化的最大激励变化范围称为死区,相当于不工作区或不显示区。

测量仪器准确度是指测量仪器给出接近于真值的响应能力,准确度是定性的概念。准确度等级是指符合一定的计量要求,使误差保持在规定极限以内的测量仪器的等别、级别,准确度等级通常按约定注以数字或符号,并称为等级指标。

测量仪器的最大允许误差是指对给定的测量仪器,规范、规程等所允许的误差极限值,有时也称测量仪器的允许误差限。

测量准确度是指测量结果与被测量真值之间的一致程度,准确度不能代替精密度,准确度是一个定性概念。

测量结果的重复性是指在相同测量条件下,对同一被测量进行连续多次测量所得结果之间的一致性,这些条件称为重复性条件。重复性条件包括相同的测量程序、相同的观测者、在相同的条件下使用相同的测量仪器、相同地点、在短时间内重复测量。重复性可以用测量结果的分散性定量地表示。

测量结果的复现性是指在改变了的测量条件下,同一被测量的测量结果之间的一致性。在给出复现性时,应有效地说明改变条件的详细情况。改变条件可包括测量原理、测量方法、观测者、测量仪器、参考测量标准、地点、使用条件、时间。复现性可用测量结果的分散性定量地表示。测量结果在这里通常理解为已修正结果。

六、标准物质

具有一种或多种足够均匀和很好地确定了的特性,用以校准测量装置、评价测量方法或给材料赋值的一种材料或物质,叫作标准物质或参考物质。标准物质是实现准确一致的测量、保证量值有效传递的计量标准。在实际测量中,通过使用不同等级的标准物质,按准确度由低到高,逐级进行量值的追溯,直到国际基本单位,这一过程称为量值的"溯源过程"。相反的,从国际基本单位用不同等级的标准物质由高至低进行量值传递,最终至实际测量现场的过程,被称为量值的"传递过程"。

标准物质或参考物质可以是纯的或混合的气体、液体或固体。目前标准物质可以分为三大类:①化学成分标准物质,如金属、地质、环境等化学成分标准物质;②物理化学特性标准物质,如 pH 值、燃烧热、聚合物分子量标准物质等;③工程技术特性标准物质,如粒度标准物质、标准橡胶、标准光敏褪色纸等。

附有证书的标准物质称为有证标准物质,其一种或多种特性值用建立了溯源性的程序确定,使之可溯源到准确复现的表示该特征值的测量单位,每一种出证的特性值都附有给定置信水平的不确定度。有证标准物质一般成批制备,其特征值是通过对代表整批物质的样品进行测量而确定的,并具有规定的不确定度。所有标准物质和有证标准物质均应符合测量标准的定义。

七、测量传感器

提供与输入量有确定关系的输出量器件称为测量传感器。

由于某些被测量不宜用直接比较的方法测量,往往必须将其变换成具有一定函数关系的同类量或其他量后,才能进行测量。而传感器的作用就是完成这种变换。如压电传感器的作用就是将难以直接测量的压力信号转变成容易测量的电流(压)信号。

传感器的基本类型,按测量原理分类,可分为电阻式传感器、电感式传感器、电容式传感器、光电式传感器、陀螺仪式传感器等;按被测量分类,可分为温度传感器、力学传感器、电学传感器、位移传感器、速度传感器等。

八、实物量具和测量器具实际值

实物量具是使用时以固定形态复现或提供给定量的一个或多个已知值的器具。有时也简称"量具"。上述"固定形态"是指固定的物理和化学形态。例如,砝码、量块等本身就是某个确定的量值(质量和长度量),可以作为参考量值提供给测量仪器,与被测量进行比较,所以它们属于量具。而天平、玻璃水银温度计等,由于它们本身不能提供测量所需的参考量值,所以属于测量仪器。习惯上说的"通用量具"(千分尺、百分表、游标卡尺)实质上并不同于这里所说的实物量具,而是属于测量仪器。

测量器具实际值即为满足准确度的用来代替真值使用的量值。由于真值是个理想化的概念,不可能得到,所以要用满足规定准确度要求的实际值来代替。在计量检定中一般是将上一个等级标准计量器具提供的测量值作为下一个等级计量器具的实际值。

九、计量器具的检定

计量器具的检定是查明和确认计量器具是否符合法定要求的程序,它包括检查、加标记和(或)出具检定证书。

为使量值合理有效地传递,确保量值的统一,正式的量值传递工作必须按照国家计量检定系统进行。

国家计量检定系统(过去曾称为量值传递系统)是由国务院计量行政部门组织制定并批准发布。其中用图表结合文字的形式明确地规定由国家计量基准到各级计量标准直到普通计量器具的量值传递程序,包括名称、计量范围、准确度、不确定度、允许误差和传递方法等。

计量检定必须执行计量检定规程。国家计量检定规程由国务院计量行政部门制定。没有国家计量检定规程的由国务院有关主管部门和省、自治区、直辖市人民政府计量行政部门分别制定部门计量检定规程和地方计量检定规程,并向国务院计量行政部门备案。

十、测量不确定度

测量不确定度是表征合理赋予被测量之值的分散性,与测量结果相联系的参数。从词义上可理解为是对测量结果可信性、有效性的怀疑程度或不肯定程度,是定量说明测量结果质量的一个参数。它可以是诸如标准(偏)差或其倍数,或说明了置信水平的区间的半宽度。

测量不确定度由多个分量组成。例如,$Y = X_1 + X_2 + X_3 + X_4 + X_5$,其中一些分量可用测量列结果的统计分布估算,并用试验标准(偏)差表征。另一些分量则可以用基于经验或其他信息的假定概率分布估算,也可用标准(偏)差表征。

用标准差表示的测量不确定度,就是标准不确定度。

当测量结果是由若干个其他量的值求得时,按其他各量的方差和协方差算得的标准不确定度,就是合成不确定度。

扩展不确定度是确定测量结果区间的量,合理赋予被测量之值分布的大部分可望含于此区间。为求得扩展不确定度,对合成不确定度所乘之数字因子,就是包含因子。

十一、校准与校准测量能力

校准是指在规定条件下,为确定测量仪器(或测量系统)所指示的量值,或实物量具(或参考物质)所代表的量值,与对应的由标准所复现的量值之间关系的一组操作。

校准测量能力是指通常提供给用户的最高校准与检测水平,它用置信概率为95%的扩展不确定度表示,有时称为最佳测量能力。

十二、计量单位、法定计量单位、国际单位制

计量单位是指为定量表示同种量的大小而约定的定义和采用的特定量。计量单位应具有明确的名称、定义和符号。

法定计量单位是指由国家法律确认、具有法定地位的计量单位。我国计量单位一律采用中华人民共和国法定计量单位,我国的法定计量单位以国际单位制为基础,同时选用了一些符合我国国情的非国际单位制单位构成。

国际单位制(SI)是由国际计量大会(CGPM)采纳和推荐的一种一贯单位制。SI是国际单位制的国际通用符号。SI单位的特点主要体现在通用性、简明性、实用性和准确性。

十三、溯源等级图与国家溯源等级图

溯源等级图是指一种代表等级顺序的框图,用以表明计量器具的计量特性与给定量的基准之间的关系。建立该图的目的是要对所有的测量(包括最普通的测量),在其溯源到基准的途径中尽可能减少测量误差又能给出最大的可信度。

国家溯源等级图在我国也称国家计量检定系统表,是指在一个国家内,对给定量的计量器具有效的一种溯源等级图,它包括推荐(或允许)的比较方法和手段。

第二节　计量基础

一、计量的内容、分类和特点

(一)计量的内容

在相当长的历史时期内,计量的对象主要是物理量。在我国历史上,计量被称为度量衡,即指长度、容积、质量的测量,所用的器具主要是尺、斗、秤。随着科技、经济和社会的发展,计量的对象逐渐扩展到工程量、化学量、生理量、甚至心理量。与此同时,计量的内容也在不断地扩展和充实,通常可概括为6个方面:

(1)计量单位与单位制。

(2)计量器具(或测量仪器),包括实现或复现计量单位的计量基准、计量标准与工作计量器具。

(3)量值传递与溯源,包括检定、校准、测试、检验与检测。

(4)物理常量、材料与物理特性的测定。

(5)测量不确定度、数据处理与测量理论及其方法。

(6)计量管理,包括计量保证与计量监督等。

(二)计量的分类

计量涉及社会的各个领域。根据其作用与地位,计量可分为科学计量、工程计量和法制计量3类,分别代表计量的基础性、应用性和公益性3个方面。

(1)科学计量是指基础性、探索性、先行性的计量科学研究,它通常采用最新的科技成果来准确定义和实现计量单位,并为最新的科技发展提供可靠的测量基础。

(2)工程计量,又称工业计量,是指各种工程、工业、企业中的实用计量。随着产品技术含量的提高和复杂性的增大,为保证经济贸易全球化所必需的一致性和互换性,它已成为生产过程控制不可缺少的环节。

(3)法制计量是指由政府或授权机构根据法制、技术和行政的需要进行强制管理的一种社会公用事业,其目的主要是保证与贸易结算、安全防护、医疗卫生、环境监测、资源控制、社会管理等有关测量工作的公正和可靠。

计量属于国家的基础事业。它不仅为科学技术、国民经济和国防建设的发展提供技术基础,而且有利于最大程度地减少商贸、医疗、安全等诸多领域的纠纷、维护消费者权益。

(三)计量的特点

计量的特点可以归纳为准确性、一致性、溯源性及法制性4个方面。

1.准确性

准确性是计量的基本特点,是计量科学的命脉,计量技术工作的核心。它是指测量结果与被测量真值的一致程度。由于实际上不存在完全准确无误的测量,因此在给出量值的同时,必须给出适应于应用目的或实际需要的不确定度或可能的误差范围。所谓量值的准确性,是指在一定的测量不确定度或误差或允许误差范围内,测量结果的准确性。

2. 一致性

一致性是计量学最本质的特性,一致性是指在统一计量单位的基础上,无论何时何地采用何种方法,使用何种计量器具,以及由何人测量,只要符合有关要求,测量结果应在给定的区间内一致。也就是说,测量结果应是可重复、可再现(复现)、可比较的。

3. 溯源性

溯源性是指任何一个测量结果或测量标准的值,都能通过一条具有规定不确定度的不间断的比较链,与测量基准联系起来的特性。这种特性使所有的同种量值,都可以按这条比较链通过校准向测量的源头追溯,也就是溯源到同一个测量基准(国家基准或国际基准),从而使其准确性和一致性得到技术保证。

4. 法制性

法制性是指计量必需的法制保障方面的特性。由于计量涉及社会各个领域,量值的准确可靠不仅依赖于科学技术手段,还要有相应的法律、法规和行政管理的保障。特别是在对国计民生有明显影响、涉及公众利益和可持续发展或需要特殊信任的领域,必须由政府起主导作用,来建立计量的法制保障。

由此可见,计量不同于一般的测量。测量是以确定量值为目的的一组操作,一般不具备、也不必完全具备上述特点。计量既属于测量,而又严于一般测量,在这个意义上可狭义地认为,计量是与测量结果置信度有关的、与测量不确定度联系在一起的一种规范化的测量。

二、计量的发展

(一)计量的定义

根据《通用计量术语及定义》(JJF 1001—2011),计量是实现单位统一和量值准确可靠的测量。从定义中可以看出,它属于测量,源于测量,而又严于一般测量,是测量的一种特定形式。

计量与其他测量一样,是人们理论联系实际、认识自然、改造自然的方法和手段。它是科技、经济和社会发展中必不可少的一项重要的技术基础。

计量与测试是含义完全不同的两个概念。测试是具有试验性质的测量,也可理解为测量和试验的综合。它具有探索、分析、研究和试验的特征。

(二)计量的发展

计量的历史源远流长。计量的发展与社会进步联系在一起,它是人类文明的重要组成部分。计量的发展大体可分为3个阶段。

1. 古典阶段

计量起源于量的概念。量的概念在人类产生的过程中就开始形成。人类从利用工具到制造工具,包含着对事物大小、多少、长短、轻重、软硬等的思维过程,逐渐产生了形与量的概念。在同自然界漫长的斗争中,人们首先学会了用感觉器官耳听、眼观、手量来进行计量。作为最高依据的"计量基准",也多用人体的某一部分或者自然物。例如,我国古代的布手知尺、掬手为升、取权定重、迈步定亩、滴水计时;英王亨利一世将其手臂向前平伸,从其鼻尖到指尖的距离定为码;英王查理曼大帝以自己的脚长为标准,把它定为英尺等。可见,计量的古典阶段是以经验为主的初级阶段。

我国计量工作具有悠久的历史,在计量古典阶段为人类做出了突出的贡献。早在公元前 26 世纪,传说黄帝就设置了衡、量、度、亩、数"五量"。尤其在秦代,秦始皇不仅统一了六国,主张车同轨、书同文,而且发了诏书,统一了全国度量衡,为我国古代计量史写下光辉的一页。

2.经典阶段(近代阶段)

从世界范围看,1875 年米制公约的签订,标志着计量经典阶段的开始。这阶段的主要特征是:计量摆脱了利用人体、自然物体作为"计量基准"的原始状态,进入以科学为基础的发展时期。由于科技水平的限制,这个时期的计量基准大都是经典理论指导下的宏观实物基准。例如,根据地球子午线 1/4 的 1/10 000 000 长度制成长度基准米原器;根据 1 dm^3 的纯水在密度最大时的质量制成了质量基准千克原器等。

这类实物基准,随着时间的推移,由于腐蚀、磨损,量值难免发生微小变化;由于原理和技术的限制,准确度也难以大幅度提高,以致不能适应日益发展的社会、经济的需要。于是不可避免地提出了建立更准确、更稳定的新型计量基准的要求。

3.现代阶段

现代计量的标志是由以经典理论为基础,转为以量子理论为基础,由宏观实物基准转为微观自然基准。也就是说,现代计量以当今科学技术的最高水平,使基本单位计量基准建立在微观自然现象或物理效应的基础之上。迄今为止,国际单位制中 7 个 SI 基本单位,已有 5 个实现了微观自然基准,即量子基准。量子基准的稳定性和统一性为现代计量的发展奠定了坚实的基础。

三、计量科技的主要领域

目前计量科技包括以下 12 大领域。

(1)几何量:长度、角度、工程参量等。

(2)力学:质量、密度、力、功、能、流量。

(3)热工:热力学温度、热量、热容、热导率。

(4)电磁:电流、电势、电压、电容、磁通、磁导。

(5)电子:噪声、功率、调制、脉冲、失真、衰减、阻抗、场强等。

(6)时间频率:时间、频率、波长、振幅、阻尼系数。

(7)声学:声压、声速、声功率、声强。

(8)光学:发光强度、光通量、照度、辐射强度、辐射通量、辐射照度等。

(9)化学(标准物质):物质的量、阿伏加德罗常数、摩尔质量、渗透压等。

(10)电离辐射:粒子能量密度、能通量密度、活度、吸收剂量等。

(11)振动:转速、振动幅度、振动频率等。

(12)气象:气温、气压、风速、相对湿度等。

四、计量单位制

(一)计量单位与单位制

1.量制与量纲

量制是指彼此间存在确定关系的一组量,即在特定科学领域中的基本量和相应导出量的特定组合,一个量制可以有不同的单位制。

量纲以给定量制中基本量的幂的乘积表示该量制中某量的表达式,其数字系数为1。

2. 计量单位与单位制

计量单位是指为定量表示同种量的大小而约定的定义和采用的特定量。同类的量纲必然相同,但相同量纲的量未必同类。

单位制为给定量制按给定规则确定的一组基本单位和导出单位。

(二)国际单位制

国际单位制是在米制基础上发展起来的一种一贯单位制。1960年,第十一届国际计量大会(CGPM)通过并用符号SI表示国际单位制。国际单位制包括SI单位、SI词头、SI单位的倍数和分数单位三部分。

按国际上的规定,国际单位制的基本单位、辅助单位、具有专门名称的导出单位以及直接由以上单位构成的组合形式的单位(系数为1)都称为SI单位。它们有主单位的含义,并构成一贯单位制。

国际上规定的表示倍数和分数单位的16个词头,称为SI词头。它们用于构成SI单位的十进倍数和分数单位,但不得单独使用。质量的十进倍数和分数单位由SI词头加在"克"的前面构成。

1. 国际单位制的构成

国际单位制的构成如下:

$$\text{国际单位制SI}\begin{cases}\text{SI单位}\begin{cases}\text{SI基本单位}\\\text{SI导出单位,其中21个有专门的名称和符号}\end{cases}\\\text{SI词头}(10^{24}\sim 10^{-24},\text{共20个})\\\text{SI单位的倍数和分数单位}\end{cases}$$

1)SI基本单位

SI基本单位共7个,见表2-1。

表2-1　SI基本单位

量的名称	单位名称	单位符号
长度	米	m
质量	千克(公斤)	kg
时间	秒	s
电流	安[培]	A
热力学温度	开[尔文]	K
物质的量	摩[尔]	mol
发光强度	坎[德拉]	cd

国际单位制基本量的定义。

米(m):光在真空中于$1/299\ 792\ 458$ s时间间隔内所经路径的距离。

千克(kg):质量单位,等于国际千克(公斤)原器的质量。

秒(s):铯–133原子基态的两个超精细能级之间跃迁所对应辐射的$9\ 192\ 631\ 770$个

周期的持续时间。

安培(A)：一恒定电流，若保持在处于真空中相距 1 m 的两无限长而圆截面可忽略的平行直导线内，则此两导线之间产生的力在每米长度上等于 2×10^{-7} N。

开尔文(K)：水三相点热力学温度的 1/273.16。

摩尔(mol)：一系统的物质的量，该系统中所包括的基本单元数与 0.012 kg 碳－12 的原子数目相等。在使用摩尔时应指明基本单元，可以是原子、分子、离子、电子或其他粒子，也可以是这些粒子的特定组合。

坎德拉(cd)：发射出频率为 540×10^{12} Hz 的单色辐射光源在给定方向上的发光强度，而且在此方向上的辐射强度为 1/683 W/sr。

2)SI 导出单位

SI 导出单位是按照一贯性原则由 SI 基本单位与辅助单位通过选定的公式而导出的单位，导出单位大体上分为四种：第一种是有专门名称和符号的；第二种是只用基本单位表示的；第三种是有专门名称的导出单位和基本单位组合而成的；第四种就是由辅助单位和基本单位或有专门名称的导出单位所组成的。

SI 的两个辅助单位弧度和球面度是由长度单位导出的，以前 SI 将它们单独列为一类，现将它们归为具有专门名称的导出单位一类，这样包括 SI 辅助单位在内的具有专门名称的 SI 导出单位共有 21 个，见表 2-2。

表 2-2　包括 SI 辅助单位在内的具有专门名称的 SI 导出单位

量的名称	单位名称	单位符号	其他表示式例
平面角	弧度	rad	
立体角	球面度	sr	
频率	赫[兹]	Hz	s^{-1}
力；重力	牛[顿]	N	$kg \cdot m/s^2$
压力；压强；应力	帕[斯卡]	Pa	N/m^2
能量；功；热	焦[耳]	J	$N \cdot m$
功率；辐射通量	瓦[特]	W	J/s
电荷量	库[仑]	C	$A \cdot s$
电位；电压；电动势	伏[特]	V	W/A
电容	法[拉]	F	C/V
电阻	欧[姆]	Ω	V/A
电导	西[门子]	S	A/V
磁通量	韦[伯]	Wb	$V \cdot s$
磁通量密度；磁感应强度	特[斯拉]	T	Wb/m^2
电感	亨[利]	H	Wb/A
摄氏温度	摄氏度	℃	K
光通量	流[明]	lm	$cd \cdot sr$
光照度	勒[克斯]	lx	lm/m^2
放射性活度	贝可[勒尔]	Bq	s^{-1}
吸收剂量	戈[瑞]	Gy	J/kg
剂量当量	希[沃特]	Sv	J/kg

弧度:弧度是圆内两条半径之间的平面角,这两条半径在圆周上所截取的弧长与半径相等。

球面度:球面度是一立体角,其顶点位于球心,而它在球面上所截取的面积等于以球半径为边长的正方形的面积。

3)SI 单位的倍数和分数单位

SI 单位加上 SI 词头后两者结合为一整体,就不再称为 SI 单位,而称为 SI 单位的倍数和分数单位,或者叫 SI 单位的十进倍数和分数单位。用于构成十进倍数和分数单位的词头见表2-3。

表2-3　用于构成十进倍数和分数单位的词头

表示因数	词头名称	词头符号	表示因数	词头名称	词头符号
10^{24}	尧[它]	Y	10^{-1}	分	d
10^{21}	泽[它]	Z	10^{-2}	厘	c
10^{18}	艾[可萨]	E	10^{-3}	毫	m
10^{15}	拍[它]	P	10^{-6}	微	μ
10^{12}	太[拉]	T	10^{-9}	纳[诺]	n
10^{9}	吉[咖]	G	10^{-12}	皮[可]	p
10^{6}	兆	M	10^{-15}	飞[母托]	f
10^{3}	千	k	10^{-18}	阿[托]	a
10^{2}	百	h	10^{-21}	仄[普托]	z
10^{1}	十	da	10^{-24}	幺[科托]	y

2. 国际单位制的优越性

国际单位制的优越性有以下几点:

(1)严格的统一性。

(2)简明性。

(3)实用性。

(4)澄清了某些量与单位的概念。

(三)中华人民共和国法定计量单位

我国的法定计量单位是以国际单位制为基础,根据我国的实际情况,适当地增加了一些其他单位而构成的,如表2-4 所示。

1. 法定计量单位的定义与内容

(1)法定计量单位是政府以法令的形式,明确规定在全国范围内采用的计量单位。

(2)中华人民共和国法定计量单位包括:①国际单位制的基本单位;②国际单位制的辅助单位;③国际单位制中具有专门名称的导出单位;④国家选定的非国际单位制单位(见表2-4);⑤由以上单位构成的组合形式的单位;⑥由词头和以上单位所构成的十进倍数和分数单位。

表2-4　国家选定的非国际单位制单位

序号	量的名称	单位名称	单位符号
1	时间	分	min
		［小］时	h
		天（日）	d
2	平面角	［角］秒	(″)
		［角］分	(′)
		度	(°)
3	旋转速度	转每分	r/min
4	长度	海里	n mile
5	速度	节	kn
6	质量	吨	t
		原子质量单位	u
7	体积	升	L，(l)
8	能	电子伏	eV
9	级差	分贝	dB
10	线密度	特［克斯］	tex
11	土地面积	公顷	hm^2

2.法定计量单位的使用规则

1）法定计量单位名称

（1）计量单位的名称，一般是指它的中文名称，用于叙述性文字和口述中，不得用于公式、数据表、图、刻度盘等处。

（2）组合单位的名称与其符号表示的顺序一致，遇到除号时，读为"每"字，例如：J/（mol·K）的名称应为"焦耳每摩尔开尔文"。书写时亦应如此，不能加任何图形和符号，不要与单位的中文符号相混。

（3）乘方形式的单位名称举例：m^4 的名称应为"四次方米"而不是"米四次方"。用长度单位米的二次方或三次方表示的面积或体积时，其单位名称为"平方米"或"立方米"，否则仍应为"二次方米"或"三次方米"。$℃^{-1}$的名称为"每摄氏度"，而不是"负一次方摄氏度"。s^{-1}的名称应为每秒。

2）法定计量单位符号

（1）计量单位的符号分为单位符号（国际通用符号）和单位的中文符号（单位名称的简称）。后者便于在知识水平不高的场合下使用，一般推荐使用单位符号。十进制单位符号应置于数据之后。单位符号按其名称或简称读，不得按字母读音。

（2）单位符号一般用正体小写字母书写，但是以人名命名的单位符号，第一个字母必须正体大写。"升"的符号"l",可以用大写字母"L"。单位符号后,不得附加任何标记,也没有复数形式。

组合单位符号书写方式的举例及其说明,如表2-5所示。

表2-5 组合单位符号书写方式的举例及其说明

单位名称	符号的正确书写方式	错误或不适当的书写形式
牛顿米	$N \cdot m$,Nm,牛·米	$N-m$,mN,牛米,牛$-$米
米每秒	m/s,$m \cdot s^{-1}$,米·秒$^{-1}$,$\dfrac{米}{秒}$	ms^{-1},米秒$^{-1}$,秒米
瓦每开尔文米	$W/(K \cdot m)$,瓦/(开·米)	W/(开·米),W/K/m,$W/K \cdot m$
每米	m^{-1},米$^{-1}$	1/m,1/米

说明:①分子为1的组合单位的符号,一般不用分式,而用负数幂的形式。

②单位符号中,用斜线表示相除时,分子、分母的符号与斜线处于同一行内。分母中包含两个以上单位符号时,整个分母应加圆括号,斜线不得多于1条。

③单位符号与中文符号不得混合使用。但是非物理量单位(如台、件、人等),可用汉字与符号构成组合形式单位;摄氏度的符号℃可作为中文符号使用,如J/℃可写为焦/℃。

3)词头使用方法

(1)词头的名称紧接单位的名称,作为一个整体,其间不得插入其他词。例如,面积单位km^2的名称和含义是"平方千米",而不是"千平方米"。

(2)仅通过相乘构成的组合单位在加词头时,词头应加在第一个单位之前。例如,力矩单位$kN \cdot m$,不宜写成$N \cdot km$。

(3)摄氏度和非十进制法定计量单位,不得用SI词头构成倍数和分数单位。它们参与构成组合单位时,不应放在最前面。例如,光量单位$lm \cdot h$,不应写为$h \cdot lm$。

(4)组合单位的符号中,某单位符号同时又是词头符号,则应将它置于单位符号的右侧。例如,力矩单位Nm,不宜写成mN。温度单位K和时间单位s、h,一般也在右侧。

(5)词头h、da、d、c(百、十、分、厘),一般只用于某些长度、面积、体积和早已习用的场合,例如,cm、dB等。

(6)一般不在组合单位的分子分母中同时使用词头。例如,电场强度单位可作MV/m,不宜用kV/mm。词头加在分子的第一个单位符号前,例如,热容单位J/K的倍数单位kJ/K,不应写成J/mK。同一单位中一般不使用两个以上的词头,但分母中长度、面积和体积单位可以有词头,kg作为例外。

(7)选用词头时,一般应使量的数值处于0.1~1 000。例如,1 401 Pa可写成1.401 kPa。

(8)万(10^4)和亿(10^8)可放在单位符号之前作为数值使用,但不是词头。十、百、千、十万、百万、千万、十亿、百亿、千亿等中文词,不得放在单位符号前作数值用。例如:3千秒$^{-1}$应读作"三每千秒"而不是"三千每秒";对"三千每秒",只能表示为"3 000 秒$^{-1}$"。读音"一百瓦",应写作"100 瓦"或"100 W"。

(9)计算时,为了方便,建议所有量均用SI单位表示,词头用10的幂代替。这样,所得结果的单位仍为SI单位。

第三节 数据处理

一、算术平均值与最小二乘法原理

(一)算术平均值
算术平均值表示为:

$$\overline{X} = \frac{1}{n} \sum_{i=1}^{n} X_i$$

当计量次数 n 足够大时,系列计量值的算术平均值趋近于真值,并且 n 越大算术平均值越趋近于真值。

(二)最小二乘法的基本原理
在一系列等精度计量的计量值中,最佳值是使所有计量值的误差平方和最小的值。

对于等精度计量的一系列计量值来说,它们的算术平均值即为最佳值。

二、有效数字及其运算规则

(一)有效数字
为了取得准确的分析结果,不仅要准确测量,而且还要正确记录与计算。所谓正确记录是指记录数字的位数。因为数字的位数不仅表示数字的大小,也反映测量的准确程度。所谓有效数字,就是实际能测得的数字。

有效数字保留的位数,应根据分析方法与仪器的准确度来决定,一般使测得的数值中只有最后一位是可疑的。

例如,在分析天平上称取试样 0.500 0 g,这不仅表明试样的质量 0.500 0 g,还表明称量的误差在 ±0.000 2 g 以内。如将其质量记录成 0.50 g,则表明该试样是在台称上称量的,其称量误差为 0.02 g,故记录数据的位数不能任意增加或减少。

如在上例中,在分析天平上,测得称量瓶的重量为 10.432 0 g,这个记录说明有 6 位有效数字,最后一位是可疑的。因为分析天平只能称准到 0.000 2 g,即称量瓶的实际重量应为(10.432 0 ± 0.000 2)g,无论计量仪器如何精密,其最后一位数总是估计出来的。

因此,所谓有效数字就是保留末一位不准确数字,其余数字均为准确数字。同时,从上面的例子也可以看出,有效数字与仪器的准确程度有关,即有效数字不仅表明数量的大小,而且也反映测量的准确度。

(二)有效数字中"0"的意义
"0"在有效数字中有两种意义:一种是作为数字定值,另一种是有效数字。

例如,在分析天平上称量物质,得到如表 2-6 所示质量。

表 2-6 数据中"0"所起的作用是不同的。在 10.143 0 中两个"0"都是有效数字,所以它有 6 位有效数字。在 2.104 5 中的"0"也是有效数字,所以它有 5 位有效数字。在 0.210 4 中,小数前面的"0"是定值用的,不是有效数字,而在数据中的"0"是有效数字,所以它有 4 位有效数字。在 0.012 0 中,"1"前面的两个"0"都是定值用的,而在末尾的"0"

是有效数字,所以它有 3 位有效数字。

表 2-6　有效数字

物质	称量瓶	Na_2CO_3	$H_2C_2O_4 \cdot 2H_2O$	称量纸
质量(g)	10.143 0	2.104 5	0.210 4	0.012 0
有效数字位数	6 位	5 位	4 位	3 位

综上所述,数字中间的"0"和末尾的"0"都是有效数字,而数字前面所有的"0"只起定值作用。以"0"结尾的正整数,有效数字的位数不确定。例如 4 500 这个数,就不会确定是几位有效数字,可能为 2 位或 3 位,也可能是 4 位。遇到这种情况,应根据实际有效数字书写成:

4.5×10^3	2 位有效数字
4.50×10^3	3 位有效数字
4.500×10^3	4 位有效数字

因此很大或很小的数,常用 10 的乘方表示。当有效数字确定后,在书写时一般只保留一位可疑数字,多余数字按数字修约规则处理。

(三)有效数字的运算规则

在数字运算中,为提高计算速度,并注意到凑整误差的特点,有效数字的运算规则如下。

1. 加、减计算规则

当几个数作加减运算时,在各数中以小数位数最少的为准,其余各数均凑成比该数多一位,小数所保留的多一位数字常称为安全数字。例如:$36.45 - 6.2 \approx 30.2$;$3.14 + 3.524 3 \approx 6.66$;$7.8 \times 10^{-3} - 1.56 \times 10^{-3} \approx 6.2 \times 10^{-3}$。

2. 乘、除计算规则

当几个数作乘法、除法运算时,在各数中以有效数字位数最少的为准,其余各数均凑成比该数多一个数字,而与小数点位置无关。

3. 开方、乘方计算规则

将数平方或开方后结果可比有效位数多保留一位或相同。例如,$41.8^3 = 73.0 \times 10^3$。

4. 复合运算规则

对于复合运算,中间运算所得数字的位数应先进行修约,但要多保留一位有效数字。例如:$(603.21 \times 0.32) \div 4.01 \approx (603.2 \times 0.32) \div 4.01 \approx 48.1$。

5. 计算平均值

计算平均值时,如有 4 个以上的数值进行平均,则平均值的有效位数可增加一位。

6. 对数计算

对数计算中,所取对数的有效数字应与真数的有效数字位数相同。所以,在查表时,真数有几位有效数字,查出的对数也应具有相同位数的有效数字。

7. 其他规则

若有效数字的第一位数为 8 或 9,则有效位数可增计一位;在所有的计算中,数 π、e

等的有效数字位数可以认为是无限的,需要几位就写几位。

三、数字修约规则

(一)数值修约的基本概念

对某一拟修约数,根据保留数位的要求,将其多余位数的数字进行取舍,按照一定的规则,选取一个其值为修约间隔整数倍的数(称为修约数)来代替拟修约数,这一过程为数值修约,也称为数的化整或数的凑整。为了简化计算,准确表达测量结果,必须对有关数值进行修约。

修约间隔又称为修约区间或化整间隔,它是确定修约保留位数的一种方式。修约间隔一般以 $k \times 10^n$($k=1,2,5$;n 为正负整数)的形式表示。人们经常将同一 k 值的修约间隔,简称为"k"间隔。

修约间隔一经确定,修约数只能是修约间隔的整数倍。例如,指定修约间隔为 0.1,修约数应在 0.1 的整数倍的数中选取;若修约间隔为 2×10^n,修约数的末位数字只能是 $0,2,4,6,8$ 等数字;若修约间隔为 5×10^n,则修约数的末位数字必然不是"0",就是"5"。

当对某一拟修约数进行修约时,需确定修约数位,其表达形式有以下几种:

(1)指明具体的修约间隔。

(2)将拟修约数修约至某数位的 0.1 或 0.2 或 0.5 个单位。

(3)指明按"k"间隔将拟修约数修约为几位有效数字,或者修约至某数位,有时"1"间隔可不必指明,但"2"间隔或"5"间隔必须指明。

(二)数值修约规则

(1)拟舍弃数字的最左一位数字小于 5 时,则舍去,即保留的各位数字不变。

例1:将 12.149 8 修约到一位小数,得 12.1。

例2:将 12.149 8 修约成两位有效数字,得 12。

(2)拟舍弃数字的最左一位数字大于 5,或者是 5,而其后跟有并非全部为 0 的数字时,则进一,即保留的末位数字加 1。

例1:将 1 268 修约到"百"数位,得 13×10^2(特定时可写为 1 300)。

例2:将 1 268 修约成三位有效数字,得 127×10(特定时可写为 1 270)。

例3:将 10.502 修约到个数位,得 11。

"特定时"的涵义是指修约间隔或有效位数明确时。

(3)拟舍弃数字的最左一位数字为 5,而右面无数字或皆为 0 时,若所保留的末位数字为奇数(1,3,5,7,9)则进一,为偶数(2,4,6,8,0)则舍弃。

例1:修约间隔为 0.1(或 10^{-1})。

拟修约数值	修约值
1.050	1.0
0.350	0.4

例2:修约间隔为 1 000(或 10^3)。

拟修约数值	修约值
2 500	2×10^3(特定时可写为 2 000)

| 3 500 | 4×10^3(特定时可写为 4 000) |

例3:将下列数字修约成两位有效数字。

拟修约数值	修约值
0.032 5	0.032
32 500	32×10^3(特定时可写为 32 000)

(4)负数修约时,先将它的绝对值按上述(1)~(3)的规定进行修约,然后在修约值前面加上负号。

例1:将下列数字修约到"十"位数。

拟修约数值	修约值
−355	-36×10(特定时可写为 −360)
−325	-32×10(特定时可写为 −320)

例2:将下列数字修约成两位有效数字。

拟修约数值	修约值
−365	-36×10(特定时可写为 −360)
−0.036 5	−0.036

第四节　数据表达方式

测量的目的是求得被计量量的真值。由于计量中存在误差,人们不可能得到被计量量的真值,而只能得到真值的近似值。在提出计量结果报告时,应该说明计量值与真值相近似的程度。因此,表示分析结果的基本要求就是要明确地表示在一定灵敏度下真值的置信区间。

置信区间越窄,表示计量值越接近真值。置信区间的大小直接依赖于计量的精密度与准确度。因此,应该而且必须给出计量精密度与准确度这两项指标。但要全面评价一个计量结果,仅给出这两项指标还是不够的,还必须指明获得这样的计量精密度与准确度所付出的代价,即通过多少次计量才得到这样的精密度与准确度。精密度、准确度和计量次数是三个基本参数,三者缺一不可。

一、数值表示法

这是报告结果最常用、最简便的方法,若计量值 x 服从正态分布 $N(\mu, \sigma^2)$,则样本测定平均值 $\bar{x}$ 服从正态分布 $N(\mu, \dfrac{\sigma^2}{n})$ 会有一组独立计量的样本值 $x_1, x_2, \cdots, x_n$,则平均值 $\bar{x} = \dfrac{1}{n}\sum x_i$;标准偏差 $S = \sqrt{\dfrac{\sum\limits_{i=1}^{n}(x_i - \bar{x})^2}{n-1}}$ 分别是总体平均值 μ 与总体方差 σ^2 的无偏估计值,于是计量结果表示为:

$$\mu = \bar{x} \pm \frac{S}{\sqrt{n}} t_{\alpha, f} \tag{2-1}$$

式中,$t_{\alpha,f}$为在一定置信度$(1-\alpha)100\%$与自由度$f=(n-1)$下的置信系数,可由t分布表查出。

式(2-1)具有明确的概率意义,它表明真值μ落在置信区间$(\bar{x}-\dfrac{S}{\sqrt{n}}t_{\alpha,f},\bar{x}+\dfrac{S}{\sqrt{n}}t_{\alpha,f})$

的置信概率为$P=(1-\alpha)$。$\dfrac{S}{\sqrt{n}}t_{\alpha,f}$称为误差限,又称为估计精度。当采用不同的置信系数时,则有不同的误差限,因此要比较两个计量结果的精确程度,如不特别说明,一般都指置信度为95%。

当计量中存在系统误差ε,计算结果表示为:

$$\mu = \bar{x} + \varepsilon \pm \frac{S}{\sqrt{n}}t_{\alpha,f} \tag{2-2}$$

式中,系统误差ε取代数值。

式(2-1)与式(2-2)即指明了计量的准确度、精密度与获得此准确度、精密度所进行的计量次数,也指出了计量结果的可信程度。

例如:分析某一试样中的钠含量,10次计量的平均值$\bar{x}\approx3.05$,单次计量的标准偏差$S=0.03$,则该试样中钠的真实含量可以表示为:

$$\mu = \bar{x} \pm \frac{S}{\sqrt{n}}t_{0.05,9} = 3.05 \pm \frac{0.03}{\sqrt{10}} \times 2.26 = 3.05 \pm 0.02$$

得出这一结论的置信度为95%。

二、图形表示法

图形表示法是根据笛卡儿解析几何原理,用几何图形,如线的长度、表面的面积、立体的体积等,将实验数据表示出来。此种方法在数据整理上极为重要,其优点在于形式简明直观,便于比较,易显示数据中的最高点或最低点、转折点、周期性和其他奇异性等。如图形作得足够准确,则不必知道变数间的数字关系式,即可对变数求微分或积分。

一个图形往往因在作图过程中忽略某些基本原则,而失去其应有作用,因此如何将一组数据正确地用图形表示出来,是十分重要的。

根据数据作图,通常包括以下7个步骤:

(1)图纸的选择。

(2)坐标的分度。

(3)坐标分度值的标记。

(4)根据数据描点。

(5)根据图上各点作曲线。

(6)注解和说明。

(7)数据和来源。

三、列表表示法

所有计量至少包括两个变数,一个叫独立变数,另一个叫从变数或因变数,列表法就

是将一组实验数据中的自变数、因变数的各个数值依一定的形式和顺序一一对应列出来。其优点为:

(1)简单易作,不需特殊纸质和仪器。

(2)数据易于参考比较。

(3)形式紧凑。

(4)同一表内可以同时表示几个变数间的变化而不混乱。

(5)如表中所列 x 和 $y = f(x)$ 的函数关系,则不必知道函数的形式就可对 $f(x)$ 求微分或积分。

第五节　测量误差

一、测量误差的概念

(一)测量误差的定义

测量结果减去被测量的真值所得的差称为测量误差,简称误差。以公式可表示为:

$$测量误差 = 测量结果 - 真值$$

测量结果是由测量所得到的赋予被测量的值,是客观存在的量的实验表现,仅是对测量所得被测量之值的近似或估计,显然它是人们认识的结果,不仅与量的本身有关,而且与测量程序、测量仪器、测量环境以及测量人员等有关。真值是量的定义的完整体现,是与给定的特定量的定义完全一致的值,它是通过完善的或完美无缺的测量,才能获得的值。

真值是一个理想的概念,一般是不知道的。基本量的真值可以按定义给出,但复现起来还是含有误差。真值常用实际值(通常用高一等级的计量标准出具所计量的量值)或一系列计量结果的平均值来代替。

对某一量进行计量后,用被计量的量的计量结果 X 减去其真值 X_0 而得到的差值就是人们通常理解的绝对误差(简称误差) δ,即

$$\delta = X - X_0 \tag{2-3}$$

式中　X——测量值;

　　　X_0——真值。

绝对误差有大小和符号,其单位与被测量的单位相同;如三角形的三个内角和的真值为 $180°$,实测结果为 $179°$,则绝对误差为 $-1°$,符号为负,说明测量结果小于真值,不应将绝对误差与误差的绝对值混淆,后者为误差的模。

绝对误差常常并不能用来比较测量之间的准确程度。如测定两个电压 V_1 和 V_2,测量结果 V_1 为 100.1 V,V_2 为 10.1 V,如果 V_1 和 V_2 的实际值分别为 100 V 和 10 V,按式(2-3)定义两个量的测量结果的绝对误差是相等的,而实际上前一种测量比后一种测量明显要准确得多,为了弥补绝对误差的不足,提出了相对误差的概念。

相对误差是测量结果的绝对误差 δ 与真值 X_0 之比,即 δ/X_0。

由于通常真值不能确定,实际上用的是约定真值。就约定真值取值方式考查,相对误差有实际相对误差、额定相对误差(也称引用误差)和标称相对误差。

真值取值为被测量的实际值,则定义为实际相对误差。

真值取值为器具的额定值(满刻度),则定义为额定相对误差。

真值取值为被测量的测定值,则定义为标称相对误差。

(二)误差的分类

从不同的角度可以对误差进行不同的分类。

(1)从研究误差产生的原因这一角度,误差可分为:

①设备误差(仪器误差):如所用的计量器具示值不准引起的误差。

②方法误差:计量的不完善引起的误差。

③环境误差:由于环境因素与要求的标准状态不一致而产生的误差,如恒温、电磁屏蔽、隔振等不完善引起的误差。

④人员误差(人为误差):计量人员生理差异和技术不熟练引起的误差。

(2)从计量仪器使用角度,可以分为工作误差、影响误差和固有误差等。

(3)从计量测量数据处理需要,按其性质一般将误差分为两类,即系统误差和随机误差。

①系统误差:是指在重复性条件下,对同一被测量进行无限多次测量所得结果的平均值与被测量的真值之差。系统误差决定测量结果的正确程度。

系统误差在所处的测量条件下,误差的绝对值和符号保持恒定或遵循某一规律变化。根据出现的规律性,系统误差又分为误差值和符号不变的恒定误差及误差值变化的变值误差两种。变值误差按误差值的变化特点又可分为累进误差、周期性误差、按复杂规律变化的误差等。

②随机误差:是指测量结果与在重复性条件下对同一被测量进行无限多次测量所得结果的平均值之差。随机误差决定计量结果的精密程度。

每次误差的取值和符号没有一定的规律,并不能预计,多次测量的误差整体服从统计规律,当测量次数不断增加,其误差的算术平均值趋于零。

随机误差出现的概率分布规律可以分为正态分布和非正态分布两大类。它是围绕在测量结果的算术平均值(数学期望)周围随机变化分布的。要分析这类误差,必须了解它的概率分布规律。

(三)测量结果的正确度、精密度和准确度

在实际工作中,测量不可能进行无限次,通常又不知道被测量的真值,因此真值是理想的概念,无法确切知道其值的大小,但可通过改进测量方法、测量设备及控制影响量等方法来减小客观存在着的测量误差。

正确度反映了系统误差的大小,表明测量结果与真值的接近程度。

精密度也叫精确度(精度),直接表示测量结果与真值一致的程度。

准确度是精密度与正确度的综合表达。

图 2-1 表示了正确度、精密度与准确度三者的关系。

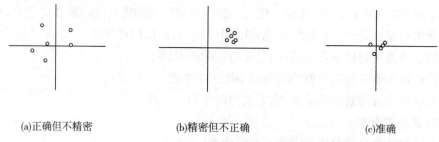

(a)正确但不精密　　　　　　(b)精密但不正确　　　　　　(c)准确

图 2-1　计量结果的正确度、精密度与准确度示意图

二、测量不确定度的评定

(一)不确定度产生的原因

测量过程中的随机效应及系统效应均会导致测量不确定度,数据处理中的修约也会导致不确定度。不确定度的 A 类评定是用对观测列进行统计分析的方法,来评定标准不确定度。不确定度的 B 类评定是用不同于对观测列进行统计分析的方法,来评定标准不确定度。这些从产生不确定度的原因上所做的分类,与从评定方法上所做 A、B 分类之间不存在任何联系。

A、B 分类旨在指出评定方法的不同,只是为了便于理解和讨论,并不意味着两类分量之间存在本质上的区别。

测量中可能导致不确定度的来源一般有:被测量的定义不完整;复现被测量的测量方法不理想;取样的代表性不够,即被测样本不能代表所定义的被测量;对测量过程受环境影响的认识不恰如其分或对环境的测量与控制不完善;对模拟式仪器的读数存在人为偏移;测量仪器的计量性能(如灵敏度、鉴别力阈、分辨力、死区及稳定性等)的局限性;测量标准或标准物质的不确定度;引用的数据或其他参量的不确定度;测量方法和测量程序的近似和假设;在相同条件下被测量在重复观测中的变化。

对那些尚未认识到的系统效应,显然是不可能在不确定度评价中予以考虑的,但是它可能导致测量结果的误差。

(二)标准不确定度的 A 类评定

在重复性条件或复现性条件下得出 n 个观察结果 x_k,随机变量 x 的期望值 μ_x 的最佳估计是 n 次独立观察结果的算术平均值 $\bar{x}$($\bar{x}$ 又称为样本平均值):

$$\bar{x} = \frac{1}{n}\sum_{k=1}^{n} x_k \tag{2-4}$$

由于影响量的随机变化或随机效应的时空影响不同,每次独立观察值 x_k 不一定相同,它与 $\bar{x}$ 之差称为残差 U_k

$$U_k = x_k - \bar{x} \tag{2-5}$$

观测值的实验方差为:

$$S^2(x_k) = \frac{1}{n-1}\sum_{k=1}^{n}(x_k - \bar{x})^2 \tag{2-6}$$

式中,$S^2(x_k)$ 是 x_k 的概率分布的总体方差 σ^2 的无偏估计,其正平方根 $S(x_k)$ 表征了 x_k 的分散性,确切地说,表征了它们在 $\bar{x}$ 上下的分散性。$S(x_k)$ 称为样本标准差或实验标准差,表示实验测量列中任一次测量结果的标准差。通常以独立观测列的算术平均值作为测量结果,测量结果的标准不确定度为 $S(\bar{x}) = S(x_k)/\sqrt{n} = u(\bar{x})$。

观察次数 n 应该充分多,以使 $\bar{x}$ 成为 x 的期望值 μ_x 的可靠估计值,并使 $S^2(x_k)$ 成为 σ^2 的可靠估计值,从而也使 $u(x_k)$ 更为可靠。

(三)标准不确定度的 B 类评定

获得 B 类标准不确定度的信息来源一般有:以前的观测数据;对有关技术资料和测量仪器特性的了解和经验;生产部门提供的技术说明文件;校准证书、检定证书或其他文件提供的数据、准确度的等别或级别,包括目前暂在使用的极限误差等;手册或某些资料给出的参考数据及其不确定度;规定实验方法的国家标准或类似的技术文件中给出的重复性限 r 或复现性限 R。

用这类方法得到的估计方差 $u^2(x_i)$,可简称 B 类方差。如估计值 x_i 来源于制造部门的说明书、校准证书、手册或其他资料,其中同时还明确给出了其不确定度 $U(x_i)$ 是标准差 $S(x_i)$ 的 k 倍,指明了包含因子 k 的大小,则标准不确定度 $u(x_i)$ 可取 $U(x_i)/k$,而估计方差 $u^2(x_i)$ 为其平方。

例:校准证书上指出,标称值为 1 kg 的砝码质量 $m = 1\ 000.000\ 32$ g,并说明按包含因子 $k = 3$ 给出的扩展不确定度 $U = 0.24$ mg,则砝码的标准不确定度为 $u(m) = 0.24$ mg/3 = 80 μg,估计方差为 $u^2(m) = (80\ \mu g)^2 = 6.4 \times 10^{-9}\ g^2$。相应的相对标准不确定度为:

$$U_{rel}(m) = u(m)/m = 80 \times 10^{-9}$$

如 x_i 的扩展不确定度不是按标准差 $S(x_i)$ 的 k 倍给出的,而是给出了置信概率 P 为 90%、95% 或 99% 的置信区间的半宽 U_{90}、U_{95} 或 U_{99},除非另有说明,一般按正态分布考虑其标准不确定度 $u(x_i)$。对应于上述三种置信概率的包含因子 k_P 分别为 1.64、1.96 或 2.58。更为完整的关系见表 2-7。

表 2-7　正态分布情况下置信概率 P 与包含因子 k_P 间的关系

P (%)	50	68.27	90	95	95.45	99	99.73
k_P	0.67	1	1.645	1.960	2	2.576	3

例:校准证书上给出的标称值为 10 Ω 的标准电阻器的电阻 R_S 在 23 ℃ 时为:

$$R_S(23\ ℃) = (10.000\ 74 \pm 0.000\ 13)\Omega$$

同时说明置信概率为 99%。

由于 $U_{99} = 0.13$ mΩ,按表 2-7,$k = 2.58$,其标准不确定度为 $u(R_S) = 0.13$ mΩ/2.58 = 50 $\mu\Omega$,估计方差为 $u^2(R_S)^2 = (50\ \mu\Omega)^2 = 2.5 \times 10^{-9}\ \Omega^2$。相应的相对标准不确定度为:

$$U_{rel}(R_S) = u(R_S)/R_S = 5 \times 10^{-6}$$

(四)合成不确定度的评定

当测量结果是由若干个其他量的值求得时,例如 $Y = X_1 + X_2 + X_3 + X_4$,并且各量彼此独立,按其他各量的方差和协方差算得的标准不确定度,就是合成标准不确定度。合成标准不确定度可以按 A、B 两类评定方法合成。

当全部输入量 x_i 是彼此独立或不相关时,合成不确定度 $u_c(y)$ 由下式得出:

$$u_c^2(y) = \sum_{i=1}^{N} \left(\frac{\partial f}{\partial x_i}\right)^2 u^2(x_i) \tag{2-7}$$

式(2-7)中标准不确定度 $u(x_i)$ 既可按 A 类,也可按 B 类方法评定。

例:已知电压 $V = \bar{V} + \Delta V$,设电压重复测量按 A 类评定方法得出 $u(\bar{V}) = 12\ \mu V$,而测量出的平均值 $\bar{V} = 0.928\ 571\ V$,附加修正值 $\Delta V = 0$。测量仪器引入的标准不确定度 $u(\Delta V) = 8.7\ \mu V$。由于 $\partial V/\partial \bar{V} = 1$ 及 $\partial V/\partial(\Delta V) = 1$,并且 $\bar{V}$ 与 ΔV 彼此独立,故 V 的合成方差为:

$$u_c^2(V) = u^2(\bar{V}) + u^2(\Delta V) = (12\ \mu V)^2 + (8.7\ \mu V)^2 = 220 \times 10^{-12}\ V^2$$

则合成不确定度为:

$$u_c(V) = 15\ \mu V$$

相对合成标准不确定度为:

$$u_{crel}(V) = u_c(V)/V = 15 \times 10^{-6}\ V/0.928\ 571\ V = 16 \times 10^{-6}$$

(五)测量不确定度的表示

计量结果的不确定度如何表示和计算是一个极其重要的问题。1980 年,国际计量局在召集的国际会议上讨论了此问题,1981 年 10 月国际计量委员会正式提出了这方面的建议书并得到同意。按建议,不确定度以标准差 σ(或方差 σ^2)表征,对特殊用途,可将 σ 乘以某一因子(量值因子)表示,但此时乘的因子或概率通常必须注明。

合成不确定度可以用下列 4 种方式表示,例如标准砝码的质量为 m_S,测量结果为 100.021 47 g,合成标准不确定度 $u_c(m_S) = 0.35$ mg,则:

(1)$m_S = 100.021\ 47$ g,合成不确定度 $u_c(m_S)$ 为 0.35 mg。

(2)$m_S = 100.021\ 47(35)$ g,括号内的数是按标准差给出的,其末位与前面结果内末位数对齐。

(3)$m_S = 100.021\ 47(0.000\ 35)$ g,括号内的数是按标准差给出的,与前面结果有相同计量单位。

(4)$m_S = (100.021\ 47 \pm 0.000\ 35)$ g,正负号后之值是按标准差给出的,它并非置信区间。

当给出扩展不确定度时,为了明确起见,推荐以下说明方式,例如:

$$m_S = (100.021\ 47 \pm 0.000\ 79) \text{g}$$

式中,正负号后的值为扩展不确定度 $U_{95} = k_{95}u_c$,而合成标准不确定度 $u_c(m_S) = 0.35$ mg,自由度 $f = 9$,包含因子 $k_P = t_{95}(9) = 2.26$,从而具有约为 95% 概率的置信区间。

如某测量结果的总不确定度为 0.35 mm,应注明其概率为 99.73%,注意极限误差并不就是不确定度,极限误差只是不确定度当概率为 99.73% 时表达的一个特例。

作为一个测量结果,不仅要表示其量值大小,而且要标出其测量的不确定度,才能叫一个完整的测量结果,才能使人们知道其测量结果的准确可靠程度。

(六)误差与不确定度的区别

测量误差是测量结果减去被测量的真值。由于真值不能确定,实际上用的是约定真值。约定真值是对于给定目的具有适当不确定度的、赋予特定量的值,有时该值是约定采用的,也常用某量的多次测量结果来确定约定真值。误差之值只取一个符号,非正即负。

误差与不确定度是完全不同的两个概念,不应混淆或误用。对同一个被测量不论其测量程序、条件如何,测量结果相同的,其误差相同;而在重复性条件下,则不同结果可有相同的不确定度。测量误差与测量不确定度的主要区别见表2-8。

表2-8 测量误差与测量不确定度的区别

序号	内容	误差	不确定度
1	定义的要点	表明测量结果偏离真值,是一个差值	表明赋予被测量之值的分散性,是一个区间
2	分量的分类	按出现于测量结果中的规律,分为随机和系统,都是无限多次测量时的理想化概念	按是否用统计方法求得,分为 A 类和 B 类,都是标准不确定度
3	可操作性	由于真值未知,只能通过约定真值求得其估计值	按实验、资料、经验评定,实验方差是总体方差的无偏估计
4	表示的符号	非正即负,不要用正负(±)号表示	为正值,当由方差求得时取其正平方差
5	合成的方法	各误差分量的代数和	当各分量彼此独立时为方根和,必要时加入协方差
6	结果的修正	已知系统误差的估计值时,可以对测量结果进行修正,得到已修正的测量结果	不能用不确定度对结果进行修正,在已修正结果的不确定度中应考虑修正不完善引入的分量
7	结果的说明	属于给定的测量结果,只有相同的结果才有相同的误差	合理赋予被测量的任一个值,均具有相同的分散性
8	实验标准(偏差)	来源于给定的测量结果,不表示被测量估计值的随机误差	不源于合理赋予的被测量之值,表示同一个观测列中任一个估计值的标准不确定度
9	自由度	不存在	可作为不确定度评定是否可靠的指标
10	置信概度	不存在	当了解分布时,可按置信概率给出置信区间

第六节 数据统计分析

一、有限数据的统计处理

随机误差分布的规律给数据处理提供了理论基础,但它是对无限多次测量而言的。

实际工作中我们只做有限次测量,并把它看作是从无限总体中随机抽出的一部分,称之为样本。样本中包含的个数叫样本容量,用 n 表示。

(一)数据集中趋势的表示

1. 算术平均值

算术平均值是指 n 次测定数据的平均值。

$$\bar{x} = \frac{x_1 + x_2 + \cdots + x_n}{n} = \frac{1}{n}\sum_{i=1}^{n} x_i$$

$\bar{x}$ 是总体平均值的最佳估计。对于有限次测定,测量值总朝算术平均值 $\bar{x}$ 集中,即数值出现在算术平均值周围;对于无限次测定,即 $n \to \infty$ 时,$\bar{x} \to \mu$。

2. 中位数 M

将数据按大小顺序排列,位于正中间的数据称为中位数 M。n 为奇数时,居中者即是;n 为偶数时,正中间两个数据的平均值即是中位数。

(二)数据分散程度的表示

1. 极差 R(或称全距)

指一组平行测定数据中最大者($X_{\max}$)和最小者($X_{\min}$)之差。

$$R = X_{\max} - X_{\min}$$

2. 平均偏差

各次测量值与平均值的偏差的绝对值的平均。

绝对偏差: $\qquad d_i = x_i - \bar{x} \quad (i = 1, 2, \cdots, n)$

平均偏差: $\qquad \bar{d} = \frac{|d_1| + |d_2| + |d_3| + \cdots + |d_n|}{n} = \frac{1}{n}\sum_{i=1}^{n}|d_i|$

相对平均偏差: $\qquad R_{\bar{d}} = \frac{\bar{d}}{\bar{x}} \times 100\%$

3. 标准偏差 S

标准偏差: $\qquad S = \sqrt{\frac{\sum_{i=1}^{n}(x_i - \bar{x})^2}{n - 1}}$

相对标准偏差,也叫变异系数,用 C_v 表示,一般计算百分率。

相对标准偏差: $\qquad RSD = \frac{S}{\bar{x}} \times 100\%$

自由度: $\qquad f = n - 1$

(三)平均值的置信度区间

1. 定义

1)置信度

置信度表示对所做判断有把握的程度,用符号 P 表示。

有时我们对某一件事会说"我对这个事有八成的把握"。这里的"八成把握"就是置信度,实际是指某事件出现的概率。

常用置信度:$P = 0.90$,$P = 0.95$;或 $P = 90\%$,$P = 95\%$。

2）置信度区间

按照 t 分布计算，在某一置信度下以个别测量值为中心的包含有真值的范围，叫个别测量值的置信度区间。

2.分布曲线

1）t 的定义

$t = \dfrac{\bar{x} - \mu}{S}\sqrt{n}$ 与 $u = \dfrac{x - \mu}{\sigma}$ 对比。

2）t 分布曲线

t 分布曲线：t 分布曲线的纵坐标是概率密度，横坐标是 t，这时随机误差不按正态分布，而是按 t 分布（见图2-2）。

与正态分布的关系：t 分布曲线随自由度 f 变化，当 $n \to \infty$ 时，t 分布曲线即是正态分布。

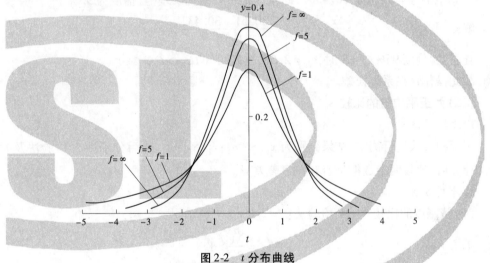

图2-2　t 分布曲线

当 $f \to \infty$ 时，$S \to \sigma$，t 即是 μ。

实际上，当 $f = 20$ 时，t 与 μ 已十分接近。

3.平均值的置信度区间

（1）表示方法：

$$\mu = \bar{x} \pm t\frac{S}{\sqrt{n}}$$

（2）含义：在一定置信度下，以平均值为中心，包括总体平均值的置信度区间。

（3）计算方法：①求出测量值的 $\bar{x}$，S，n；②根据要求的置信度与 f 值，从 t 分布值表中查出 t 值；③代入公式计算。

二、显著性检验

常用的方法有两种：t 检验法和 F 检验法。

分析工作中常遇到两种情况：样品测定平均值和样品标准值不一致；两组测定数据的平均值不一致。需要分别进行平均值与标准值比较和两组平均值的比较。

（一）平均值与标准值的比较

1. 比较方法

用标准试样做几次测定,然后用 t 检验法检验测定结果的平均值与标准试样的标准值之间是否存在差异。

2. 计算方法

（1）求 $t_{计算}$。

$$t_{计算} = \frac{|\bar{x} - \mu|}{S}\sqrt{n}$$

（2）根据置信度(通常取置信度95%)和自由度 f,查 t 分布表中 $t_{表}$ 值。

（3）比较 $t_{计算}$ 和 $t_{表}$,若 $t_{计算} > t_{表}$,说明测定的平均值出现在以真值为中心的95%概率区间之外,平均值与真实值有显著差异,我们认为有系统误差存在。

例:某化验室测定标样中 CaO 含量得如下结果:CaO 含量 = 30.51%,$S = 0.05$,$n = 6$,标样中 CaO 含量标准值是 30.43%,此操作是否有系统误差(置信度为95%)?

解:

$$t_{计算} = \frac{|\bar{x} - \mu|}{S}\sqrt{n} = \frac{|30.51 - 30.43|}{0.05} \times \sqrt{6} = 3.92$$

查表:置信度95%,$f = 5$ 时,$t_{表} = 2.57$,比较可知 $t_{计算} > t_{表}$。

故此操作存在系统误差。

（二）两组平均值的比较

1. 比较方法

用两种方法进行测定,结果分别为 $\bar{x}_1$,S_1,n_1;$\bar{x}_2$,S_2,n_2。然后分别用 F 检验法及 t 检验法计算后,比较两组数据是否存在显著差异。

2. 计算方法

（1）精密度的比较——F 检验法:

①求 $F_{计算}$。

$$F_{计算} = \frac{S_{大}^2}{S_{小}^2} > 1$$

②由 F 表根据两种测定方法的自由度,查相应 F 值进行比较。

③若 $F_{计算} < F_{表}$,说明 S_1 和 S_2 差异不显著,进而用 t 检验平均值间有无显著差异。

若 $F_{计算} > F_{表}$,S_1 和 S_2 差异显著。

（2）平均值的比较:

①求 $t_{计算}$。

$$t_{计算} = \frac{\bar{x}_1 - \bar{x}_2}{S}\sqrt{\frac{n_1 n_2}{n_1 + n_2}}$$

若 S_1 与 S_2 无显著差异,取 $S_{小}$ 作为 S。

②查 t 值表,自由度 $f = n_1 + n_2 - 2$。

③若 $t_{计算} > t_{表}$,说明两组平均值有显著差异。

例:Na_2CO_3 试样用两种方法测定结果如下:

方法 1:$\bar{x}_1 = 42.34$,$S_1 = 0.10$,$n_1 = 5$。

方法 2:$\bar{x}_2 = 42.44$,$S_2 = 0.12$,$n_2 = 4$。

由此可以比较两种方法测定结果有无显著差异。

三、离群值的取舍

(一)定义

在一组平行测定数据中,有时会出现个别值与其他值相差较远,这种值叫离群值。

判断一个测定值是否是离群值,不是把数据摆在一块看一看,哪个离得远,哪个是离群值,而是要经过计算、比较才能确定,我们用的方法就叫 Q 检验法。

(二)检验方法

(1)求 $Q_{计算}$。

$$Q_{计算} = \frac{x_{离群} - x_{邻近}}{x_{最大} - x_{最小}}$$

即:求出离群值与其最邻近的一个数值的差,再将它与极差相比就得 $Q_{计算}$ 值。

(2)比较:根据测定次数 n 和置信度查 $Q_表$,若 $Q_{计算} > Q_表$,则离群值应舍去,反之则保留离群值。90% 置信水平的 Q 临界值见表 2-9。

表 2-9　90% 置信水平的 Q 临界值

数据数 n	3	4	5	6	7	8	9	10	∞
$Q_{90\%}$	0.90	0.76	0.64	0.56	0.51	0.47	0.44	0.41	0

例:测定某溶液的浓度,得如下结果:0.101 4,0.101 2,0.101 6,0.102 5。问 0.102 5 是否应该舍弃(置信度90%)?

解:(1)求 $Q_{计算}$。

$$Q_{计算} = \frac{x_{离群} - x_{邻近}}{x_{最大} - x_{最小}} = \frac{0.102\ 5 - 0.101\ 6}{0.102\ 5 - 0.101\ 2} = 0.69$$

(2)查表 2-9,置信度90%,测定次数 $n = 4$,查 $Q_表 = 0.76$,比较可知 $Q_{计算} < Q_表$,因此保留此值。

第七节　抽　样

一、总体、个体和样本

总体是指研究对象的全体,个体是指组成总体的每个基本单位。例如一批砖、一批混凝土、一批钢筋等都是总体,而每块砖、每块混凝土、每根钢筋等都是个体。

在统计学中,我们把所研究的全部元素组成的集合称作母体或总体(可分为有限总体和无限总体),总体中的每一个元素称为个体。

在实际问题中,人们并不是关心组成总体的每个个体的各种具体特征,而是研究它某一方面的质量特性指标 X,因此总体实际上是指个体质量特性指标 X 的取值全体。

总体的性质由组成总体的个体所决定,所以要了解总体的性质,必须对总体中的每个个体进行逐个的研究,但是这样做不仅工作量大,而且有时也是不允许的。例如要对某砖瓦厂每天生产的砖的几何尺寸进行测量,工作量就很大,测量任务就过于繁重,因此不可能对每块砖都进行测量;又如要了解砖的抗折强度,也不能够对每块砖都进行抗折强度试验,因为抗折强度试验是破坏性试验,试验过后,砖就无法使用了。由于上述原因,对于总体的研究一般是通过从总体中抽取一部分个体,根据对这一部分个体的研究,对总体的性质做出估计判断。从总体中抽取的一部分个体称为样本,样本中包括的个体数目称为样本容量或样本大小。

从某个总体 X 中抽取一个容量为 n 的样本,便得到 n 个样本值 $X_1, X_2, \cdots, X_n$,其中 X_1 称为第 1 个个体,X_2 称为第 2 个个体,$\cdots$,X_n 称为第 n 个个体。但是抽样前,每个个体是何值不能预先知道,只有抽样后才知道。为此,我们先将这一样本的第一个个体用随机变量 X_1 表示。

设 X 是具有分布函数 F 的随机变量,若 $X_1, X_2, \cdots, X_n$ 是具有同一分布函数 F 的相互独立的随机变量,则称其为从分布函数 F(或总体 F 或总体 X)得到的容量为 n 的简单随机样本,简称样本,它们的观察值 $X_1, X_2, \cdots, X_n$ 称为样本值,又称为 X 的 n 个独立的观察值。

二、统计量

1.统计量的概念

样本来自总体,因此样本中包含了有关总体的丰富信息。但是不经加工的信息是零散的,为了把这些零散的信息集中起来反映总体的特征,需要对样本进行加工,图与表是对样本进行加工的一种有效方法,另一种有效方法就是构造样本的函数,不同的函数反映总体的不同特征。不含未知参数的样本函数称为统计量。

2.常用的统计量类型

1)描述样本集中位置的统计量

(1)样本均值。

样本均值也称样本平均数,记为 $\bar{x}$,它是样本数据 $X_1, X_2, \cdots, X_n$ 的算术平均数。

$$\bar{x} = \frac{1}{n} \sum_{i=1}^{n} x_i$$

对于 n 较大的分组数据,可利用将每组的中值 x_i' 用频率 f_i 加权计算近似的样本均值:

$$x \approx \sum_{i=1}^{k} x_i' f_i$$

样本均值是使用最为广泛的反映数据集中位置的度量。它的计算比较简单,但缺点是它受极端值的影响比较大。

(2)样本中位数。

样本中位数是表示数据集中位置的另一种重要的度量,用符号 M 或 $\tilde{x}$ 表示。在确定样本中位数时,需要将所有样本数据按其数值大小从小到大重新排列成以下的有序样本:

$$X_{(1)}, X_{(2)}, \cdots, X_{(n)}$$

其中 $X_{(1)} = X_{\min}, X_{(n)} = X_{\max}$ 分别是数据的最小值与最大值。

样本中位数定义为有序样本中位置居于中间的数值,具体地说:

$$M = \begin{cases} x\left(\dfrac{n+1}{2}\right) & \text{当 } n \text{ 为奇数} \\[2ex] \dfrac{1}{2}\left[x\left(\dfrac{n}{2}\right) + x\left(\dfrac{n}{2}+1\right)\right] & \text{当 } n \text{ 为偶数} \end{cases}$$

与均值相比,中位数不受极端值的影响。因此,在某些场合,中位数比均值更能代表一组数据的中间位置。

（3）样本众数。

样本众数是样本数据中出现频率最高的值,常记为 Mod。样本众数的主要缺点是受数据的随机性影响比较大,有时也不唯一。

2）描述样本分散程度的统计量

一组数据内部总是有差别的,对一组质量特性数据,大小的差异反映质量的波动。也有一些用来表示数据内部差异或分散程度的量,其中常用的有样本极差、样本方差、样本标准差、样本变异系数。

（1）样本极差。

样本极差即是样本数据中最大值与最小值之差,用 R 表示。对于有序样本,极差 R 为：

$$R = x_{(n)} - x_{(1)}$$

样本极差只利用了数据中两个极端值,因此它对数据信息的利用不够充分,极差常用于 n 不大的情况。

（2）样本方差与样本标准差。

数据的分散程度可以用每个数据 x_i 偏离其均值 $\bar{x}$ 的差 $x_i - \bar{x}$ 来表示,$x_i - \bar{x}$ 称为 x_i 离差。对离差不能直接取平均,因为离差有正有负,取平均会正负相抵,无法反映分散的真实情况。当然可以先将其取绝对值,再进行平均,这就是平均绝对差：

$$\frac{1}{n}\sum_{i=1}^{n} |x_i - \bar{x}|$$

但由于绝对值的研究较为困难,因此平均绝对差使用并不广泛。使用最为广泛的是用离差平方来代替离差的绝对值,因而数据的总波动用离差平方和 $\sum_{i=1}^{n}(x_i - \bar{x})^2$ 来表示,样本方差定义为离差平方和除以 $n-1$,用 S^2 表示：

$$S^2 = \frac{1}{n-1}\sum_{i=1}^{n}(x_i - \bar{x})^2$$

因为 n 个离差的总和必为 0,所以对 n 个独立数据,独立的离差个数只有 $n-1$ 个,称 $n-1$ 为离差平方和的自由度,因此样本方差是用 $n-1$ 而不是用 n 除离差平方和。

样本方差的正算术平方根称为样本标准差,即

$$S = \sqrt{S^2} = \sqrt{\frac{1}{n-1}\sum_{i=1}^{n}(x_i - \bar{x})^2}$$

（3）样本变异系数。

样本标准差与样本均值之比称为样本变异系数,有时也称之为相对标准差,记为 C_v。

$$C_v = \frac{S}{\bar{x}}$$

样本变异系数是在消除量纲影响后的样本分散程度的一种度量。

统计量是样本的函数,它是一个随机变量,抽样前它的值不确定,抽样后将样本观测值代入 φ 表达式中,则 $\varphi(X_1, X_2, \cdots, X_n)$ 是一个确定值,称为统计量 φ 的观测值。统计量的分布称为抽样分布。根据具体问题,寻求合适的统计量,用数理统计的方法是解决各种实际情况的关键。

三、抽样方法

由样本对总体进行估计推断时,必须对样本有所要求。如果从总体中抽取的样本能客观地反映总体,那么由此样本对总体做出的估计推断就比较符合实际,因此需要研究从总体中抽取样本的问题。

从理论上讲,抽样方法必须是随机抽样。所谓随机抽样,是指总体的每一个个体都有被抽到的可能,并且每个个体被抽到的可能性相同,而不是凭人们的主观意图去挑选。当然,在实际应用中要想做到绝对的随机抽样是困难的,不过我们应尽量避免由于抽样引起的误差。

抽样方法分概率抽样与非概率抽样两类,现分述如下。

(一)概率抽样

概率抽样的原则(随机性原则)是总体中的每一个样本被选中的概率相等。概率抽样之所以能够保证样本对总体的代表性,其原理就在于它能够很好地按总体内在结构中所蕴含的各种随机事件的概率来构成样本,使样本成为总体的缩影。

概率抽样又分以下5种抽样。

1. 简单随机抽样

抽样前先将总体中所有个体进行统一编号,使每一个编号与一个个体对应,然后用抽签或查随机数表的办法,确定要抽个体的编号,最后按号从总体中抽取个体组成样本。从理论上讲,利用简单随机抽样的方法得到的样本代表性强,误差小,但在具体应用中手续比较烦琐,不太常用。

按照等概率的原则,直接从含有 N 个元素的总体中抽取 n 个元素组成的样本($N > n$)。

2. 系统抽样(等距抽样或机械抽样)

把总体的单位进行排序,再计算出抽样距离,然后按照这一固定的抽样距离抽取样本。第一个样本采用简单随机抽样的办法抽取。

$$K(抽样距离) = N(总体规模)/n(样本规模)$$

前提条件是总体中个体的排列对于研究的变量来说应是随机的,即不存在某种与研究变量相关的规则分布。可以在调查允许的条件下,从不同的样本开始抽样,对比几次样本的特点。如果有明显差别,说明样本在总体中的分布呈某种循环性规律,且这种循环和抽样距离重合。

3. 分层抽样(类型抽样)

先将总体中的所有单位按照某种特征或标志(性别、年龄等)划分成若干类型或层次,然后再在各个类型或层次中采用简单随机抽样或系统抽样的办法抽取一个子样本,最后将这些子样本合起来构成总体的样本。

分层抽样有两种方法:

(1)先以分层变量将总体划分为若干层,再按照各层在总体中的比例从各层中抽取。

(2)先以分层变量将总体划分为若干层,再将各层中的元素按分层的顺序整齐排列,最后用系统抽样的方法抽取样本。

分层抽样是把异质性较强的总体分成一个个同质性较强的子总体,再抽取不同子总体中的样本分别代表该子总体,所有的样本进而代表总体。

分层标准为:

(1)以调查所要分析和研究的主要变量或相关的变量作为分层的标准。

(2)以保证各层内部同质性强、各层之间异质性强、突出总体内在结构的变量作为分层变量。

(3)以那些有明显分层区分的变量作为分层变量。

分层的比例问题:

(1)按比例分层抽样:根据各种类型或层次中的单位数目占总体单位数目的比重来抽取子样本的方法。

(2)不按比例分层抽样:有的层次在总体中的比重太小,其样本量就会非常少,此时采用该方法,主要是便于对不同层次的子总体进行专门研究或进行相互比较。如果要用样本资料推断总体时,则需要先对各层的数据资料进行加权处理,调整样本中各层的比例,使数据恢复到总体中各层实际的比例结构。

4. 整群抽样

抽样的单位不是单个的个体,而是成群的个体。它是从总体中随机抽取一些小的群体,然后由所抽出的若干个小群体内的所有元素构成调查的样本。对小群体的抽取可采用简单随机抽样、系统抽样和分层抽样的方法。

优点:简便易行,节省费用,特别是在总体抽样框难以确定的情况下非常适合。

缺点:样本分布比较集中,代表性相对较差。

一般来说,类别相对较多、每一类中个体相对较少的做法效果较好。

分层抽样与整群抽样的区别:分层抽样要求各子群体之间的差异较大,而子群体内部差异较小;整群抽样要求各子群体之间的差异较小,而子群体内部的差异性很大。换句话说,分层抽样是用代表不同子群体的子样本来代表总体中的群体分布;整群抽样是用子群体代表总体,再通过过群体内部样本的分布来反映总体样本的分布。

5. 多阶抽样(分段抽样)

按照元素的隶属关系或层次关系,把抽样过程分为几个阶段进行。适用于总体规模特别大,或者总体分布的范围特别广时。

类别与个体之间的平衡问题:

(1)各个抽样阶段中的子总体同质性程度。

(2)各层子总体的个数。

(3)研究所能提供的人力和经费。

缺陷:每级抽样时都会产生误差。

措施:增加开头阶段的样本数,同时适当地减少最后阶段的样本数。

(二)非概率抽样

不是按照等概率原则,而是根据人们的主观经验或其他条件来抽取样本。常用于探索性研究。非概率抽样的种类主要有以下几种:

(1)偶遇抽样:并非简单随机抽样,概率不等。

(2)判断抽样(立意抽样):抽样标准取决于调查者的主观选择。

(3)配额抽样:尽可能地根据那些影响研究变量的各种因素来对总体分层,并找出不同特征的成员在总体中所占的比例。配额抽样实际上要求在抽样前对样本在总体中的分布有准确的了解。

配额抽样与分层抽样的区别:前者注重的是样本与总体在结构比例上的表面一致性;后者一方面要提高各层间的异质性与同层的同质性,另一方面也是为了照顾到某些比例小的层次,使得所抽样本的代表性进一步提高,误差进一步减小。在概率上,前者是按照事先规定的条件,有目的地寻找;后者是客观地、等概率地到各层中进行抽样。

第三章　检验检测机构管理

依据《检验检测机构资质认定管理办法》(总局令第 163 号),本章将"工程质量检测单位"统一称为"检验检测机构",不再沿用原教材"实验室"这一习惯称谓,但在介绍资质认定起源及发展及有关实验室认可等章节内容里,"实验室"称谓不变。

检验检测机构是指依法成立,依据相关标准或者技术规范,利用仪器设备、环境设施等技术条件和专业技能,对产品或者法律法规规定的特定对象进行检验检测的专业技术组织。检验检测机构是一个统称。它包括从事单一检验的机构,从事单一检测的机构,以及从事检验和检测的机构。

第一节　检验检测机构质量管理基础

一、质量与质量管理

质量是一组固有特性满足要求的程度。"质量"可使用形容词如差、好或优秀来修饰。"固有的"(其反义是"赋予的")就是指在某事或某物中本来就有的,尤其是那种永久的特性。

检验检测机构的质量管理是检验检测机构确定质量方针、质量目标、质量策划(检测规程规范的确定)、质量控制(检测的实施与监督)、质量保证(制度、人员、仪器设备、检测环境)和质量改进(内审、管理评审、其他有效的检查方法)促使其实施全部管理职能的所有活动。

质量管理的基本职能可以划分为决策、组织、协调(包括指挥、领导、沟通、指导、激励)、控制(监督、检查)、改进。检验检测机构应定期进行群众性的质量管理活动,如内部质量审核和管理评审。

检验检测机构的质量管理必须与其活动范围相适应。即与检验检测机构的工作类型、工作范围、工作量相匹配。

质量管理的步骤是:建立检验检测机构的管理体系→实施管理体系→维持、改进管理体系。因此,应将管理要求、技术要求、程序和指导书制定成文件,并实施文件化管理。

二、质量策划、控制、保证与改进

质量策划是质量管理的一部分,致力于制定质量目标并规定必要的运行过程和相关资源以实现质量目标。编制质量计划是质量策划的一部分。

质量策划为了完善自身的管理体系,而组织学习新版标准;对照新标准分析管理体系差距,确定新的质量目标;按新的质量方针和目标确定管理体系要素和采用程度;明确控制要求;调整质量职能;编制、修订体系文件、计划等,这些活动均属检验检测机构质量策划。对于检验检测机构新增项目的策划、新增服务方式的策划、质量改进的策划等,也包括在检验检测机构质量策划之中。

质量控制是指为达到质量要求所采取的作业技术和活动,其目的在于监视过程并排除质量环中所有阶段导致不满意的原因,以取得经济效益。质量控制和质量保证的某些活动是相互关联的。

统计质量控制是指质量是通过一定数量界限表现出来的,根据数理统计的原理和方法,将产品质量特性的波动范围控制在最小,这种质量控制方法简称统计质量控制。在实践中,该理论又发展为老七种统计方法和新七种统计工具。老七种统计方法包括:排列图法、因果分析图法、分层法、调查表法、直方图法、控制图法和散布图法。这七种方法若结合运用,可有效提高产品质量。新七种统计工具力图把统计方法和思考过程结合起来,充分发挥全面质量管理的全过程、全员参加和预防为主的特点。目前,新七种统计工具在企业的目标管理、质量设计、质量改进、QC 小组活动、成本管理、质量保证等方面得到了普遍应用。新七种统计工具包括:联图法、箭线图法、KJ 图法、系统图法、矩阵图法、矩阵数据分析法、过程决策程序图法。

质量保证是指为了提供足够的信任表明实体能够满足质量要求,而在质量体系中实施并根据需要进行证实的全部有计划和有系统的活动。质量保证有内部和外部两种目的。在组织内部,质量保证向管理者提供信任;在外部合同或其他情况下,质量保证向顾客或他方提供信任。

质量改进是质量管理的一部分,致力于增强满足质量要求的能力。要求可以是有关任何方面的,如有效性、效率或可追溯性。

三、管理体系及其文件

(一)管理体系

体系是对有关事物相互联系、相互制约的各方面通过系统性的优化整合为相互协调的有机整体,以增强其整体的系统性、部门间的协调性和运行的有效性。

检验检测机构管理体系是指检验检测机构为建立方针和目标并实现这些目标的体系。由组织机构、程序、过程和资源四个基本要素构成,且具有一定活动规律的一个有机整体。也即是把影响检测质量的所有要素综合在一起,在质量方针的指引下,为实现质量目标而形成集中统一、步调一致、协调配合的有机整体。

管理体系包括质量管理体系、技术管理体系和行政管理体系。进行质量管理,首先是根据质量目标的需要,准备必要的条件(人力资源、物质资源和工作环境等),然后,通过设置组织机构,分析确定实现检测的各项质量过程,分配、协调各项过程的职责和接口,通过程序的制定规定从事各个质量过程的工作方法,使各项质量过程能经济、有效、协调地进行。这样组成的有机整体就是机构的管理体系。

(二)管理体系文件

1. 管理体系文件的含义

检验检测机构管理就是通过对机构内各种过程进行管理来实现的,因而就需明确对过程管理的要求、管理的人员、管理人员的职责、实施管理的方法以及实施管理所需要的资源,把这些用文件形式表述出来,就形成了该检验检测机构的管理体系文件。管理体系文件是描述管理体系的一整套文件。它主要由质量手册、程序文件和作业指导书、质量和技术记录表格等文件构成。管理体系文件是检验检测机构检验检测工作的依据,是检验检测机构内部的法规性文件。管理体系文件应向检验检测机构全体人员宣贯,通过培训使他们理解并贯彻执行,以达到确保检验检测机构检测质量的目的。

质量手册就是阐述其质量方针并描述管理体系的文件。质量手册应当包括检验检测机构的质量方针、目标和对客户的各项承诺,以及对体系要素的描述,提出了对过程和活动的管理要求。管理体系形成文件之后,检验检测机构应当以适当的方式使有关人员理解管理体系的要求,并在自己的实际工作中加以实施。质量手册在深度和形式上可以不同,以适应组织的需要。它可能由几个文件组成。根据手册的范围,可以使用限定词,如质量保证手册、质量管理手册。所以,质量手册是证明和/或描述质量体系的主要文件。质量手册规定质量体系的基本结构,是实施和保持质量体系在较长时期内应遵循的文件。

管理体系程序文件是针对质量手册所提出的管理与控制要求,规定如何达到这些要求的具体实施办法。程序文件是规定检验检测机构质量活动方法和要求的文件,是质量手册的支持性文件,是对质量手册的展开和落实,分配具体的职责和权限,包括管理、执行、验证活动,具有承上启下的作用,程序文件描述的对象是某项系统性的质量活动。管理体系所选定的每个要素或一组相关的要素一般都应该形成书面程序。在编制程序文件中要注意其内容必须与质量手册的规定相一致,特别要强调是程序文件的协调性、可行性和可检查性。要对检验活动过程中的每一个环节做出具体、细致的规定,以便有关人员的理解、执行和检查。

作业指导书是规定质量基层活动途径的操作性文件,其针对的对象是具体的作业活动。作业指导书是程序文件的细化。作业指导书也属于程序文件范畴,只是层次较低,内容更具体。作业指导书是表达管理体系程序中每一步更详细的操作方法,指导员工执行具体的工作任务。作业指导书和程序文件的区别是,一个作业指导书只涉及一项独立的具体任务,而一个程序文件涉及管理体系中某个过程的整个活动。

对检验检测机构而言,至少应制定以下4方面的作业指导书:①方法方面。用以指导检测过程的,如检测细则、大纲、指南等。②设备方面。设备的使用、操作规范,如自校、在线仪表的特殊管理方法等。③样品方面。包括样品的准备、处置和制备规则。④数据方面。检测的有效位数、修约、异常值的剔除以及测量不确定度的表征规范等。

记录是阐明所取得的结果或提供所完成活动的证据的文件。记录可用于正式的可追溯性活动,并为验证、预防措施和纠正措施提供证据。通常,记录不需要控制版本。

记录分为质量记录和技术记录两类,质量记录指检验检测机构管理体系活动中的过程和结果的记录,包括合同评审、分包控制、采购、内部审核、管理评审、纠正措施、预防措施和投诉等记录;技术记录指进行检验检测活动的信息记录,应包括原始观察、导出数据和建立审核路径有关信息的记录,检验检测、环境条件控制、员工、方法确认、设备管理、样品和质量监控等记录,也包括发出的每份检验检测报告或证书的副本。

2.管理体系文件的特点

(1)规范性。质量手册及其支持文件都是检验检测机构的规范性文件,必须经过审批才能生效执行。批准生效的文件必须认真执行,不得违反。如果要修改,则必须按规定的程序进行。任何时候都不能使用无效版本的文件。

（2）系统性。检验检测机构应对其管理体系中采用的全部要素、要求和规定,有系统、有条理地制定成各项方针和程序;所有的文件应按规定的方法编辑成册;层次文件应分布合理。

（3）协调性。体系文件的所有规定应与检验检测机构的其他管理规定相协调;体系文件之间应相互协调、相互印证;体系文件之间应与有关技术标准、规范相互协调;应认真处理好各种接口,避免不协调或职责不清。

（4）唯一性。对一个检验检测机构,其管理体系文件是唯一的;一般每一项活动只能规定唯一的程序,每一个程序文件或操作文件只能有唯一的理解,一项任务只能有一个部门（或人）总负责。

（5）适用性。没有统一的标准化格式,注意其适用性和可操作性,编写任何文件都应依据准则的要求和检验检测机构的现实;所有文件的规定都应保证在实际工作中能完全做到;遵循"最简单、最易懂"和"写所做,做所写"的原则编写各类文件。

3. 管理体系文件的层次

管理体系文件的层次划分一般为3个或4个层次,检验检测机构可根据自身的检验工作需要和习惯加以规定。典型的管理体系文件层次图有以下两种划分层次方法可供选择。如图3-1、图3-2所示。

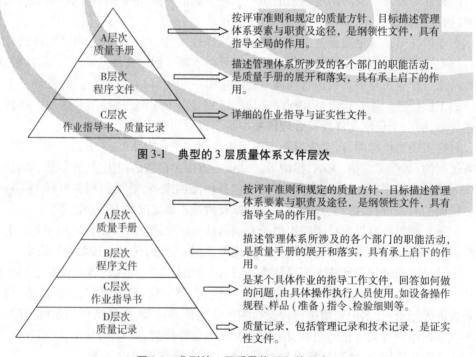

图3-1　典型的3层质量体系文件层次

图3-2　典型的4层质量体系文件层次

管理体系文件中的上下层文件要相互衔接、前后呼应,内容要求一致,不能有矛盾。

四、质量方针与质量目标

检验检测机构的质量方针是由检验检测机构的最高管理者正式发布的该检验检测机构的总的质量宗旨和方向。质量方针尽可能简明扼要。

检验检测机构的质量目标是"检验检测机构在质量方面所追求的目标"。质量目标应根据质量方针所列的原则要求进一步细化、展开,要与质量方针保持一致。

五、管理体系的特性

检验检测机构管理体系的系统性:检验检测机构建立的管理体系是对质量活动中的各个方面综合起来的一个完整的系统。管理体系各要素之间具有一定的相互依赖、相互配合、相互促进和相互制约的关系,形成了具有一定活动规律的有机整体。在建立管理体系时必须树立系统的观念,才能确保检验检测机构质量方针和目标的实现。

检验检测机构管理体系的全面性:管理体系应对质量各项活动进行有效的控制。对检验报告质量形成进行全过程、全要素(硬件、软件、物质、人员、报告质量、工作质量)控制。

检验检测机构管理体系的有效性:检验检测机构管理体系的有效性体现在管理体系应能减少、消除和预防质量缺陷的产生,一旦出现质量缺陷能及时发现和迅速纠正,并使各项质量活动都处于受控状态,体现了管理体系要素和功能上的有效性。

在合适的阶段必须对有效性加以验证。如果有效性不足,是由于对过程认识不清,应该改进管理体系的策划过程;如果没有规定或规定不全面,影响体系的正常有效运行,那么应进一步明确或做出补充规定。

另外需要注意的是,即使对所有过程都做了正确合适的规定,不执行或执行不得力也不可能有效,因此必须加强对过程执行情况的监视和测量,以确保管理体系的有效性。

有效性的验证通常可以与其他质量活动相结合,如结合内部质量审核以验证各管理过程的有效性,结合顾客满意度的调查以验证体系总体业绩的有效性,结合最终产品和过程的检测测量以验证最终产品及产品实现过程的有效性。

检验检测机构的最高管理者应营造一种良好的环境,以利于管理体系有效性的持续改进。

检验检测机构管理体系的适应性:管理体系能随着所处内部环境的变化和发展进行修订补充,以适应环境变化的需求。

六、纠正措施

纠正措施是为了防止已出现的不合格(不符合)、缺陷或其他不希望的情况再次发生,消除其产生原因所采取的措施。这种措施可以包括程序和体系等的更改,以实现质量环中任一阶段的质量改进。一个不合格可以有若干个原因。

"纠正"和"纠正措施"的区别是:"纠正"是指"返修"、"返工"或调整,涉及对现有的不合格所进行的处置;"纠正措施"涉及消除产生不合格的原因。

第二节　检验检测机构技术管理

检验检测机构技术管理,主要包括以下内容:

(1)抽样与样品管理。

(2)检测方法的管理。

(3)检测环境的管理。

(4)仪器设备管理。

(5)检测记录与检测报告。

检验检测机构技术管理人员不仅有单位领导,而且应配备技术负责人、质量负责人、各试验室负责人、质量监督员、设备管理员、样品管理员、资料管理员等。

一、抽样与样品管理

(一)抽样管理

1.抽样要求

(1)抽样应确保科学、公正,样品量应足够,样品应完好,具有代表性,并符合标准要求。

(2)样品的抽取,当有国家或行业标准时,应按标准规定的方法抽取;当没有国家或行业标准时,可以按设计要求或有效合同或同委托方商定的抽样方法抽取。

(3)设计和合同都没有规定的应与委托方协商确定抽样方法。

(4)无论采用什么方法均应告知委托方并取得其同意。

2.抽样计划和实施

抽样前应有抽样的总体计划和实施方案。

(1)抽样总体计划应根据工程全过程的检测总进度要求确定抽样项目、标准或方法、时间、地点、抽样量、代表性、频次,保证工程的各项检测按计划顺利开展。

(2)抽样实施方案应运用适当的统计技术,考虑抽样时遇见突发性困难采取的应对措施,并应在有关检测大纲、检测指导书中详细说明,保证抽样计划顺利执行,完成总体计划的要求。

3.现场抽样

(1)现场取样一般应遵从随机抽取的原则,使用适宜的抽样工具和容器。

(2)抽样应符合标准规定或事先确定的方法。

(3)抽样应有记录。记录包括:抽样程序和遵循的方法,抽样人(被抽样单位和监理单位在场的人员应签字确认),抽样时间、位置和环境,抽样工具、样品名称、数量和状态描述,抽样目的和抽样样品的代表性,需要封样的应记录封样的部位、数量和方法,必要时应有抽样位置的图示或其他等效方法。

4.对抽样程序偏离情况的处理

(1)当发生委托人对已有文件规定的抽样程序进行增添、删节或对某条款进行修改等偏离情况时,检验检测机构应评估有关偏离带来的风险,任何偏离不得影响检测质量。

（2）评估应履行正式手续,提交正式文件,得到检验检测机构技术负责人的批准。整个过程应留有详细的记录。评估结果和实施方案应及时、全面、完整地告知相关人员,以便正确理解和实施带有偏离的抽样方法,把不利的风险降到最低。

应按规定详细记录抽样的全过程,尤其是对抽样程序有偏离的部分,不得随意简化、减少和遗漏。

抽样记录是原始记录之一,是以后发生不同意见或纠纷时追溯原始情况的依据。

（二）样品管理

1. 样品的编号

样品均应编号。样品编号应符合编号的唯一性和永久性的原则。

取样单位可根据自己单位的特点,自行规定编号规则,以便取样后取样人员能够快速、及时、方便地实行编号。例如,抽样规则可做如下规定:

原材料编号规则可确定为:检验检测机构代号 – 工程代号 – 原材料代号 – 年代号 – 序号（□□ – □□ – □□ – □□ – □□□）。其中原材料代号可规定水泥代号为 C、粉煤灰为 F、外加剂为 W、砂子为 S、粗骨料为 G、纤维为 V、土料为 T 等。

取样人应在取样时及时逐一编号,不得遗漏,并按要求附加安全、可靠的标识（见图 3-3）。

保密要求:	有 □	无 □
样品名称:		规格:
样品状态:		
样品试验编号:		
检测状态:	留样 □	待检 □

图 3-3　样品标识

同批样品应有同一编号,并应对个体再分编下一序列的序号,以保证每一个样品无遗漏地具有唯一的编号。

检验检测机构应在接收样品时,除取得委托方对样品的编号外,还应对样品进行编号。该编号为检验检测机构的试验用编号,只用在检验检测机构的检测过程（包括样品在检验检测机构中保存、流转和处理）中,并在检测记录中出现,即在样品保管、流转、处置和检测记录中使用。在整个检测过程中,该编号始终保持不变,具有唯一性。检测过程中应有相应的标识表示样品所处的检测状态。

当检测完毕后,在检测报告中恢复使用委托方在委托时给予的样品编号。

检验检测机构对所接收的样品另行编号,并在整个检测过程中使用,是保证检测的公正性和为委托方产权信息保密的必要措施。

2. 样品的交接

样品管理员在受理委托人的委托检测时,应对样品附件及资料进行详细的描述、登记和记录(见表3-1),并与委托人取得一致。

表 3-1　样品管理记录

样品试验编号	样品名称	样品状态	样品特征	接收日期	样品数量（kg）	领用日期	领用数量（kg）	领用人	保管人	销毁方式	销毁时间	销毁人

(1)样品的验收。样品管理员应对委托方提交的样品进行必要的技术性检查,详细描述记录样品的技术状态,当认为样品可能存在潜在的缺陷而不能仅根据其表面状况确定时,样品管理员应注明样品没有发现明显的外观缺陷,但其他隐含特性待查的表述,并取得委托人的认可。

(2)保密要求的确认。在交接双方对样品的数量、外观缺陷、附件、资料和样品的可检性都一一登记确认后,样品管理员应征求委托人对样品及技术资料的储存和保密要求,当委托人有特殊要求时,样品管理员应请委托人在检测委托合同(协议)中注明详细要求。

(3)检测要求的确认。样品管理员应与委托人当面确定样品编号、检测项目、检测方法、完成时间和其他还应确认的内容。

(4)检测合同的评审和签订。检测委托合同(协议)由样品管理员提交给检验检测机构相关人员按程序评审。评审的内容主要是,委托的检测项目和应遵循的标准是否属于资质认定确认的范围,根据当前检测任务执行情况是否有能力按委托方要求完成的时间安排并完成。评审过程应有相关人员的明确意见并留有记录。经评审确认后双方代表人签字,合同生效(见表3-2)。

表 3-2　检测委托书(代检测协议)

控制编号:　　　　　　　　　　　　　　　　　　序号:(可预设检验报告号)

委托方单位名称			工程名称	
样品名称			样品编号	
检验参数				
检验依据				
委托类别	一般 □　　　　仲裁 □　　　　其他 □			
样品来源和特性	生产厂家		商　　标	
	规格型号		出厂日期	
	生产批号		取样单位	
	取样地点		取样时间	
	样品数量		包装方式	
	样品特性		代 表 性	
	样品状态			

续表 3-2

提交的技术文件	
保密要求	对样品和文件的保密要求:有 □ 无 □
完成时间	检验费
其他要求	
监理单位	责任监理
委托方	联系人: 联系电话: 通信地址: 邮政编码: 传真:
接收方	样品试验编号 样品状态评述 联系人: 联系电话: 通信地址: 邮政编码: 传真:
委托方(代理人)签字: 年 月 日	接收方(代理人)签字: 年 月 日

说明:①本协议一式三联,第一联交委托方留存,第二联主检单位留存,第三联作为归档文件。
②当使用企业标准检验时,委托方应承担所有权责任。
③本协议一经双方签字即生效,单方违约应对违约造成的后果承担责任。
④委托方对提供检测物品的安全要求和缺陷有如实告知义务。

合同一式三联,第一联交委托人留存,作为委托检测后领取检测报告和领回样品的凭据。第二联由技术管理室留存待查,作为检测计划的统计凭据。第二联作为检验检测机构存档材料。

(5)接收样品和资料。合同签订后,样品管理员接收样品和资料,并根据检验检测机构对样品编号的规则,立即进行检验检测机构用的试验编号,与委托方的经手人确认签字。

(6)任务下达。技术管理室根据检测委托书,向试验室下达检测任务单。检测任务单中至少应有样品状态描述,样品编号(检验检测机构内部的),检测参数和应遵循的标准,样品存放、流转和保密要求,完成时间等。

3.样品的流转

(1)试验室负责人收到检测任务单后,应确定该项检测任务的检测负责人和参加人。如检测内容较多,试验室负责人应亲自组织实施。

(2)检测负责人凭检测任务单到样品管理员处领取全部待检样品和与检测有关的技术资料。

(3)样品管理员应向检测负责人交代或提出样品检测中应注意的使用、安全、保密、储存等要求,必要时应由样品管理员制定出书面文件要求,随样品一起流转。

(4)检测负责人应与样品管理员共同一一清点接收的样品和与检测有关的技术资料,并确认样品的状态,包括样品编号和样品的检测状态标识。清点确认后,检测负责人应在样品管理记录上签字,完成领取供检测的样品和资料的手续。此后检测中的样品和相关资料应由检测负责人负责样品检测和流转中的保管。备份样品则安置于保管室由样品保管员继续保管。

(5)检测完成后的样品和资料应由检测负责人如数退回样品管理员(如可能和需要的话),样品管理员应根据样品出库的记录核对退库样品的数量、编号、标识和技术资料。清点核实后由样品管理员签字接收。

4. 样品的保管

检测样品在整个流转过程中以及备份样品在保管室保管中应严格按标准要求保管,委托人有专门要求的应根据合同按委托人要求保管。

(1)样品管理员应对样品在检验检测机构期间的保存、安全、保密、完好负责,并对在检期间的样品管理实施监督。

(2)样品的储存条件应达到委托人提出的要求,对有特殊储存要求的样品,应设置储存环境的监控设施。样品管理员应对监控过程实施记录,以证实样品储存始终是符合委托人要求的。

(3)当储存保管条件达不到委托人要求时,应及时向委托人声明,或者经委托人同意采取其他储存保管方式。

5. 样品的处置

(1)委托人对样品的处置无要求的。

委托人如放弃对检后样品的处置权,样品管理员应根据委托人放弃检后样品处置权的事实逐一登记后处置。

①破坏性检测的样品,应将残渣集中定点保存并按规定及时清除处理;有备份样品的,委托人对检测无异议的,样品到存储期,即可按检验检测机构规定的方式自行处理。

②非破坏性检测的样品,委托人对检测结果无异议的,存储期满后,按检验检测机构规定的方式处理。

(2)委托人对样品的处置有要求的。

①委托人要求将样品退还的。委托人对检测结果无异议的,到存储期满时,技术管理室应按委托要求通知委托人凭检测委托合同的第一联按时领回检测样品及其附件和技术资料,在双方确认样品数量、附件及其他技术资料齐全无误后,由委托方代表在委托合同上签字后退回委托人。

②委托人不要求退还样品,但对样品的处理有要求的除外。委托人对检测结果无异议的,到存储期满时,技术管理室应按委托通知委托人,按委托人事先约定的方式处理样品,处理前,委托人应有书面认可文字。如委托人要求现场观看处理的,应约定时间,双方共同处理,委托方代表应签字认可。

③样品资料由检验检测机构保存复印件,原件应按委托人要求如数点验退还,并留有委托人签字认可的文件。

无论样品是否由检验检测机构处置,样品的任何处置必须遵守不得污染和破坏环境的原则。

6. 样品的识别

检验检测机构应建立样品的唯一标识系统,目的是确保样品在检验检测机构检测期间自始至终不会发生混淆,它是每个样品在检测过程中识别和记录的唯一标记。

(1)样品管理员应对样品实施识别管理。样品除物类标识外,还应有状态标识,表明样品的检测状态。也就是说,标识由样品名称、样品编号和样品所处检测状态(待检与留样)等内容组成。如需要,在标识上还可给出样品的所有者、特殊检测的要求以及特殊处理或其他要求。

(2)样品存放位置的识别。在与委托人完成了样品交接后,样品管理员应把样品分成两份,一份为待检样品,另一份为留存样品(供复检或仲裁用)。对留存样品用封条进行封样,并均粘贴样品标识。留存样品应按样品特点分类定点存放,便于查找和存取。存放点有识别标志,样品也应有识别标志,两标志应互相对应,不发生差错。

(3)流转样品的识别。交检测的样品,在流转过程中检测人员应及时标明样品的检测状态,避免混淆和差错。

7.样品的制备

(1)当样品的制备由检验检测机构进行时,应遵循事先与委托人共同确认的检测标准方法、作业指导书或有关文件的规定和要求进行。

(2)当委托人根据合同要求观察样品的制备过程时,检验检测机构应请委托人到现场观看,事后应请委托人对样品制备进行确认。

(3)当委托人根据合同要求观察样品的试验过程时,检验检测机构应请委托人到现场观看,试验完成后也应请委托人签字确认。

(三)保密管理

1.保密管理的基本要求

国家秘密关系到国家安全和利益。客户秘密涉及客户所拥有的商业和技术方面的核心利益,检验检测机构应按有关法律法规的规定予以保密。

(1)检验检测机构及其所有人员对其在检测活动中所知悉的国家秘密、客户的商业秘密、技术秘密和知识产权负有保密义务,并有相应的措施。

(2)检测人员应按保密规定,该知道的知道,该知道多少就知道多少,不该知道的不打听;知道的,不传播,不议论;保密样品和资料应切实妥善按保密规定保管和交接,不得随意放置和处理。

(3)发生泄密应追究泄密人的责任。检验检测机构应根据泄密情况分析原因,及时有针对性地修改、完善保密规定。

2.样品的保密管理

(1)样品的管理应遵循保密的规定,在样品流转过程中,所有参与检测的人员应对各阶段样品的保密承担相应的责任。

(2)当样品有保密要求时,检验检测机构应有专门的措施保证样品和相关技术资料在检测全过程中得到有效的监管;检测人应将承检样品及样品的附件和技术资料在每日下班前送回样品库由样品管理员保管。检测完成后样品的处置方法应事先与委托人协商并得到委托人的同意。处置时应通知委托人,样品和资料当面清点,全部退还委托人。双方应签字确认。

(3)任何情况下,无关人员不得接触样品和相关资料。

(4)涉及专利产品和专利技术的样品,检验检测机构一律不做留样处理,其资料和被试样品应全部退回委托人。

3.文件的保密管理

(1)保密文件和资料应由专门的部门由指定人员保管。

(2)无关人员不得接触保密资料,为检测工作的开展确需查阅保密文件和资料的,应履行规定手续,得到批准在指定地点查阅,不得抄写、摘录、复印。

(3)保密文件、资料的交接应通过专职部门按保密文件规定进行,禁止通过邮局邮寄。

二、检测方法的管理

(1)检验检测机构应对使用的检验检测方法实施有效的控制与管理,明确每个新方法投入使用的时间,并及时跟进检验检测技术的发展,定期评审方法能否满足检验检测需求。对于标准方法,应定期跟踪标准的制修订情况,及时采用最新版本标准。

(2)检验检测机构在引入检验检测方法之前,应对能否正确运用这些标准方法的能力进行验证。验证不仅需要识别相应的人员、设施和环境、设备等技术能力能否满足要求,还应通过试验证明结果的准确性和可靠性,如精密度、线性范围、检检出限和定量限等,必要时应进行检验检测机构间比对或能力验证。如果标准方法发生了变化,应重新予以验证,并提供相关证明材料。

(3)检验检测机构在使用非标准方法前应进行确认,以确保该方法适用于预期的用途,并提供相关证明材料。如果方法发生了变化,应重新予以确认,并提供相相关证明材料。

(4)如果标准、规范、方法不能被操作人员直接使用,或其内容不便于理解,规定不够简明或缺少足够的信息,或方法中有可选择的步骤,会在方法运用时造成因人而异,可能影响检验检测数据和结果正确性时,则应制定作业指导书(含附加细则或补充文件)。

三、检测环境的管理

(一)试验室布局的环境要求

检验检测机构的试验室布局对保证和维持正常的检测有重要意义和作用。检验检测机构在对试验室进行布局时,应考虑以下因素。

1.灰尘对其他试验室的污染

由于专业特点,有些试验室,例如土工试验室、混凝土材料性能试验室等,在处理样品和进行试验时会堆积有大量的砂、土、石子并产生灰尘,这些物质对一些试验,例如质量的精密称量、水质检验、化学成分检验等,会产生不良影响。在布置时应把这些试验室相对集中安排在一起,而对粉尘污染环境比较敏感的试验室则应安排在远离这些试验室的地点。如果检验检测机构本身就处在灰尘多的地点,例如在车辆来往频繁的道路边,则应对门、窗等采取密封措施将对灰尘污染敏感的试验室与外部灰尘有效的隔离。

2.振动对其他试验室的干扰

一些试验利用了振动机械,如土工的土和混凝土原材料砂、石的筛分试验中使用的振筛机、土工试验中土的振密度试验使用的振密度仪,混凝土振动台等,在试验中会产生强烈的振动,也激发临近的其他试验室振动。有些试验采用的设备在进行检测时是不允许有振动干扰的,例如天平、水质检验中的玻璃器皿等。在布置试验室时,应把这些产生振动干扰的试验室安排在与一般试验室特别是怕振动干扰的试验室比较远的位置。

3. 噪声对其他试验室的干扰

有些试验室在工作时会产生强烈的噪声,例如切割混凝土或岩石试样的切割机等,对附近进行试验人的试验情绪和健康产生不良影响。在布置试验室时应将这样的试验室安排在远离一般试验室的地点并进行隔音处理。

4. 电磁波对其他试验室的干扰

有些电子仪器对电磁波干扰比较敏感,因此应将会产生电磁波的发射器布置在远离一般试验室的地点,并对配置有电磁波干扰敏感仪器设备的试验室应特别加强屏蔽电磁波的设施。

5. 放射性物质试验室的布置

放射性物质对人体的危害性相当大,应将放射性物质试验室布置在远离一般试验室的地点,并应特别加强防护。

(二)试验室内部配备和布置的要求

试验室内部的仪器设备和设施的布置对检测试验工作也有比较大的影响,应重视这些设施的安排。

1. 试验室的照明和采光

试验室的照明和采光看似小事,实际上处理不好也会对试验产生不良影响。例如照明设施的亮度,太强则刺激人眼,太弱则看不清数字;采光的角度或其反光的角度直射试验人员的眼睛,无法观察仪器设备显示的数据;或光线被阻挡,仪器显示的数据看不清;或光线闪烁,导致读数时受光线的干扰,产生较大的误差;还有有些设施和物质是不能被强烈的光线照射的,否则会产生变形或损伤,应该避光。因此,在布置试验室时应根据试验设备的安置位置配置照明和采光。

2. 试验室的环境条件

有些试验对试验室内的温度、湿度和其他要求的环境,如防爆、防电磁波等,有一定的要求,在考虑试验室设施时应以检测标准为依据,配置适当的合乎标准要求的控制试验室温度、湿度和其他要求的设备和设施,并安装在合适的位置。

3. 试验室的空调安置

有些试验对风敏感,例如水泥拌和时会因为空调机的风直吹导致水泥浆失水,造成水灰比偏移,天平因风的直吹导致称量失准等。因此,在安装空调机时,应注意空调机的风向不正对这些仪器设备,或安放仪器设备时,将仪器设备放置在远离空调机的地方。同时,应注意空调机对整个试验室温度均匀化的有效性,避免室内不同地点的温度有较大的差异。

4. 水电设施的配置

水电设施的配置应方便安全。有的试验室因设置的固定电器插座不够而采用大量的临时插座,电线像蜘蛛网一样,既不方便,也不安全,更不整洁。有的试验室上下水设施安置的位置不合理,试验时人员走动频繁,相互干扰,效率低下,有的水量太小,用水不方便,有的水龙头质量差,长期漏水。因此,在试验室布置时应充分考虑用电和用水需求,合理配置和布置。

5.设备和设施的合理间距

检测人员在开展试验时需要一定的空间,仪器设备和设施的安排摆放应适应人员活动的空间需要。有的试验室仪器和设备安置距离太小,检测时检测人员经常要挪动一些仪器才能开展试验,不但试验操作不方便,也增加了对仪器造成损伤的机会。

6.对试验敏感区域的隔离设施

有些试验对人员活动敏感,应在这些区域设置可靠的隔离设施,并有明显的标识提醒。

(三)试验室的环境安全要求

试验室的环境安全要求主要包括以下方面:

(1)试验室应有良好的通风设施,保持试验室内空气清新。

(2)试验室应根据其特点合理配置消防设施。

(3)配置高压气瓶和其他易爆炸物品的试验室应有专门放置气瓶的地点和隔离防护设施,并有一套行之有效的安全措施。

(4)试验中有危害性气体排出的,应配置足够容量的废气排除设施,保证试验室内空气不遭受污染,危害检测人员的健康。

(5)试验中有粉尘产生的,应配置适当可靠的消除粉尘的设施,并给试验人员配备防护器具。

(6)化学药品应按规定放置,并应有严格的使用制度,尤其是具有危害性的药品,更应严格控制使用过程,有记录查对。

(7)有剧毒药品的试验室,应配置专门存放药品的库房,并有一套行之有效的安全措施。

(8)试验室的电源应有可靠的接地设施,根据需要配置不间断电源,以防止突然停电对仪器设备的损坏,并能够及时处理尽可能减小停电对试验的影响。

(9)试验室的废液和废渣处理设施应合理配置,应符合环境保护要求。

(四)试验室的内务管理要求

试验室应保持清洁卫生,整齐有序,有利于检测人员在良好的环境下开展工作。试验室的内务管理应根据试验室的专业特点确定内容,一般包括以下方面:

(1)试验室应经常打扫卫生,清除灰尘,清理废弃物,保持室内、仪器设备和试验设施的清洁。

(2)应定点定位、整齐有序地放置试验用品,以便查找使用。

(3)不是试验室用的仪器、设施和其他与试验无关的用品(包括试验人员的私人用品)不得放置在试验室内,停用或报废的仪器设备和设施应及时清理出试验室。

(4)不得在试验室内抽烟、打牌、吃东西。

(5)试验室内应保持安静,任何人不得打闹,不得大声喧哗。

(6)与试验无关的人员不经同意不得进入试验室。

四、仪器设备管理

(一)仪器设备的配置与安置

1.设备的配置

各试验室负责人应协助技术负责人提出试验室仪器设备的配置要求。配置应当满足承检标准和承检能力的要求,配置要求应当考虑以下因素:

(1)检测仪器设备的测量参数范围要求。

(2)检测仪器设备的测量参数准确度要求。

仪器设备的不确定度应与被测参数的允差(T)相适应:

①计量仪器的不确定度:$U \leqslant (1/10 \sim 1/3)T$。

②不能按计量检定规程检定的检测仪器应做复现性试验,试验结果的离散性应满足:$3\sigma < T/3$(T:被测参数的允差,σ:试验结果的标准差)。

(3)检测仪器设备的测量稳定性要求。

(4)检测仪器设备的分辨率(灵敏度)要求。

仪器设备的测量范围与灵敏度应满足所执行的标准要求:

①有非线性段的仪器应避免在非线性段使用。

②$i < T/10$(i:灵敏度,T:被测参数的允差)。

(5)检测仪器设备的自动化要求。

(6)检测仪器设备的量值溯源性要求。

(7)检测仪器设备的价格和维护要求。

(8)对供货厂商的售后服务要求。

(9)其他要求。

2.设备的安置

设备的安置应满足以下要求:

(1)间距应满足试验操作空间的要求。

(2)设备的试验附属设施应齐全并安置合理。

(3)设备的安置应稳固,能抵抗其他活动的干扰。

(4)环境应满足试验条件要求。

(5)应满足安全要求。

(二)仪器设备的验收与使用

1.仪器设备的验收

采购的仪器设备应由技术管理室负责组织验收,验收时应事先编写验收计划或细则。验收计划或细则应包含验收的项目、技术指标的详细要求、验收方法等,验收后写出验收、安装调试报告。

新采购仪器设备的验收一般应包括如下内容:

(1)清点装箱单,按单验收设备、资料文件和易耗品或配(备)件。

(2)大型设备应由厂家安装、调试,检验检测机构配合。

(3)与厂方代表共同进行仪器设备的性能试验,所有性能应符合要求,留有双方共同签字认可的试验测试记录。

（4）厂方出具的仪器设备质量合格证或性能检验报告。如有经检定/校准合格的证明文件,则应进行核查试验。

（5）如验收达到要求后,仪器设备管理员应立即将其纳入检验检测机构的检定/校准计划,及时安排仪器设备检定/校准,并建立设备档案,验收的所有文件应归入档案中;如经验收或检定/校准达不到使用要求的仪器设备,应由仪器设备采购员办理包修、包换、包退手续。

2.仪器设备的使用

经检定/校准合格后的仪器设备,应按计划要求安置到试验室,发放设备运行维护记录和相关技术资料,交试验室管理,各试验室负责人应组织编写仪器设备操作规程和运行文件。操作规程和运行文件应包括以下内容:

（1）仪器设备的操作规程(包含安全处置)。

（2）使用限制条件(如环境温度和相对湿度等)。

（3）仪器设备的运行检测方法和记录。

（4）仪器设备的验证/自校方法(如无法溯源时)。

（5）仪器设备的维护方法和记录。

（6）仪器设备的档案。

（7）仪器设备的使用记录。

所制定的仪器设备操作规程和文件应经技术负责人批准实施。

对重要的、关键的仪器设备以及技术复杂的大型仪器设备,检验检测机构应授权经过能力确认的人员操作。

（三）仪器设备的定期检定或校准

（1）对检验检测结果、抽样结果的准确性或有效性有影响或计量溯源性有要求的仪器设备,包括用于测量环境条件等辅助测量仪器设备,每年年初由仪器设备管理员制订检定或校准计划,并需经技术管理部门审核、技术负责人批准。确保检验检测结果的计量溯源性。

（2）仪器设备(包括用于抽样的设备)在投入使用前应采用核查、检定或校准等方式,以确认其是否满足检验检测标准或者技术规范。对非强制检定的仪器设备,检验检测机构有能力进行内部校准,并满足内部校准要求的,可进行内部校准,用于内部校准的参考标准也应制订校准计划并进行校准;当仪器设备经校准给出一组修正信息时,检验检测机构应确保有关数据得到及时修正。无法溯源到国家或国际测量标准时,测量结果应溯源至有证标准物质、公认的或约定的测量方法、标准,或通过比对等途径,证明其测量结果与同类检验检测机构的一致性。当测量结果溯源至公认的或约定的测量方法、标准时,检验检测机构应提供该方法、标准的来源等相关证据。检验检测机构在仪器设备定期检定或校准后应进行确认,确认其满足检验检测要求后方可使用。

（3）检定或校准周期,是衡量计量工作质量的关键环节,关系到在用仪器设备的合格率。为保证量值准确可靠,检验检测机构可根据仪器设备的实际使用情况,依据有关检定或校准规程,本着科学、经济和量值准确的原则自行确定检定或校准周期。检定或校准周期内需安排期间核查,如果发现不稳定情况,应重新进行检定或校准。

（4）仪器设备出现故障或者异常时,检验检测机构应采取相应措施,如停止使用、隔离或加贴停用标签、标记,直至修复并通过检定、校准或核查表明能正常工作为止。检验检测机构还应对这些因缺陷或超出规定极限而对过去进行的检验检测活动造成的影响进行追溯,发现不符合应执行不符合工作的处理程序,暂停检验检测工作、不发送相关检验检测报告,或者追回之前的检验检报告。

（5）检验检测机构可以根据检测工作的实际需要,决定哪些仪器设备需要检定或校准,哪些仪器设备可以暂时封存不用。对暂时封存不用的仪器设备应办理停用手续,经技术负责人批准,批准书应存入该仪器设备的档案;一旦工作需要,再按要求进行检定或校准并确认满足检验检测仪器后方可启用该仪器设备。暂时封存不用的仪器设备应保证得到良好的维护、保养。仪器设备的封存不影响检验检测机构取得的检测能力。

（四）在用仪器设备的期间核查

如下性质的仪器设备应安排两次正式检定/校准间隔期间的"期间核查"。

（1）性能不够稳定漂移率大的仪器设备。

（2）使用非常频繁的仪器设备。

（3）经常携带运输到现场检测的仪器设备。

（4）在恶劣环境下使用的仪器设备。

仪器设备的期间核查不是一般的功能检查,更不是缩短仪器设备的检定/校准周期,其目的是证明仪器设备在两次正式检定/校准的间隔期间技术性能的可信度,防止使用技术性能已经不符合技术规范要求的仪器设备,以减少由于仪器设备稳定性变化所造成的检测风险。

期间核查的方式是多样的,基本上是以等精度核查的方式进行,如仪器间的比对或与核查标准进行比对。所谓核查标准,是指用来代表被测对象的一种相对稳定的仪器、产品或其他物体。它的量限、准确度等级应接近于被测对象,而它的稳定性要比实际的被测对象好。核查标准应进行校准和确认。

检验检测机构技术负责人应明确需要进行期间核查的仪器设备,并责成检测负责人制订有效的期间核查方案与计划,根据设备情况确定运行核查次数,指定经考核符合要求的技术人员实施核查,并做好记录,提交的核查报告应由技术负责人签字认可。

对经分析发现仪器设备已经出现较大偏离,可能导致检测结果不可靠时,应按有关规定处理,直到仪器设备经证实的结果满意时才可投入使用。

（五）仪器设备的档案和标志管理

1.仪器设备档案管理的总体要求

检验检测机构的仪器设备管理对确保检测能力具有重要作用,首先应有仪器设备总体档案。

检验检测机构的设备总体档案包括:仪器设备一览表,包括"检验检测机构仪器设备一览表""检验检测机构检定/校准仪器设备一览表""期间核查仪器设备一览表""现场检测仪器设备一览表"等,仪器设备管理制度,计量检定计划和实施记录。

2.仪器设备档案

检验检测机构应设立仪器设备档案。档案应按台、件设立,不得混合设档。仪器设备档案应包括以下内容。

(1)仪器设备情况登记表,见表3-3。

(2)技术资料登记表。

(3)主要附件、备件登记表。

(4)消耗性备件、材料登记表。

表3-3　仪器设备情况登记表

名　　称	中　文				
	英　文				
型　　号		出厂号		国　别	
制造厂名			价格	人民币	
				外　币	
出厂日期		到货日期		安装日期	
安装地点		状　态		启用日期	
主要功能					
技术指标					
验收责任人和资料					
主要附件					
备注					
保管人					

(5)验收、安装调试报告。

(6)检定情况登记表及检定证书、封存停用报告、期间核查报告(需要的)。

(7)仪器损坏、故障、修理、定期检查履历登记表。

(8)操作规程或操作细则。

(9)保养维修制度。

(10)报废记录。

(11)仪器保管人变动情况登记表。

3.量具账目

对无法建立档案的量具,仪器设备管理员应负责建立量具账目。量具账目应包括以下内容:

(1)量具的名称。

(2)编号。

(3)目前使用和存放位置。

(4)详细的技术指标。

(5)检定/校准/验证的日期和结果,以及下次检定/校准/验证的日期。

4.仪器设备状态标识管理

仪器设备的状态标识可分为"合格""准用""停用"三种,通常以"绿""黄""红"三种颜色表示。

(1)绿色标志。经检定/校准合格的仪器设备和量具、经验证技术性能符合规范要求的仪器设备以及对检测准确性有影响的技术性能良好的附属设备。

(2)黄色标志。仪器是多功能的,其中某一功能或某一性能经检定或校准不合格,但其他功能合格的,可限制使用的;或经检定或校准证明仪器量程中有部分是合格可用的而其他部分量程则是不合格不能使用的;或经检定/校准后确定可降等、降级使用的。仪器张贴黄色标志时,应有专门说明张贴黄色标志原因的书面文件,明确不能使用的功能或量程部分或仪器设备降等、降级情况及适用的试验范围。

(3)红色标志。仪器设备经检定/校准不合格或经验证技术性能达不到使用要求的;超过检定/校准周期未检定/校准的;发现设备已经损坏的或设备损坏后虽已经修好却没有检定/校准取得合格证书的;怀疑仪器设备不准确、有问题,其性能无法确定的;经批准暂时停用封存的;不符合检测标准规定的仪器设备。如有可能,张贴红色标志停用的仪器设备,应清出试验室,以免误用。

(六)仪器设备故障的处理

(1)当仪器设备经检定/校准不合格,或经验证确认达不到使用要求时,设备管理员应向技术负责人提出,并立即张贴红色标志。

(2)当发现仪器设备出现故障无法短时间内排除时,试验室负责人应立即通知设备管理员。设备管理员应及时采取相应措施核查故障原因,如确认故障会影响检测结果的准确性,应立即张贴红色标志并提出修理意见报技术负责人。如有可能应将故障仪器实施隔离存放。

(3)技术负责人应对以上两种情况可能造成检测结果的影响组织有关人员追溯核查。当核查结果发现由于设备问题已经给检测结果造成影响时,检验检测机构应以书面形式确保通知到所有应得到检测报告和使用检测结果的客户。

(4)在确认仪器设备无法修复后,技术负责人应批准其报废,退出管理体系。

五、检测记录

(一)检测记录的基本要求

1.记录的完整性

检测记录的完整性要求是,检测记录应信息齐全,以保证检测行为能够再现;检测表格的内容应齐全;记录齐全,计算公式、步骤齐全,应附加的曲线、资料齐全;签字手续完备、齐全;工程检测记录档案齐全完整。

2.记录的严肃性

检测记录的严肃性要求是,按规定要求记录、修正检测数据,保证记录具有合法性和有效性;记录数据清晰、规正,保证其识别的唯一性;检测、记录、数据处理以及计算过程的规范性,保证其校核的简便、正确。

3.记录的实用性

检测记录的实用性要求是,记录应符合实际需要,记录表格应按参数技术特性设计,栏目先后顺序应表现较强的逻辑关系;表格栏目内容应包含数据处理过程和结果;表格应按试验需要设计栏目,避免检测时多数栏目出现空白情况;记录用纸应符合归档和长期保存的要求。

4.记录的原始性

检测记录的原始性要求是,检测记录必须当场完成,不得追记、誊写,不得事后采取回忆方式补记;记录的修正必须当场完成,不得事后修改;记录必须按规定使用的笔完成;记录表格必须事先准备统一规格的正式表格,不得采用临时设计的未经批准的非正式表格。

5.记录的安全性

记录的安全性要求是,记录应编有页码,以保证其完整性;记录应定点有序存放保管,不得丢失和损坏;记录应按保密要求妥善保管;记录内容不得随意扩散,不得占有利用;记录应及时整理,全部上交归档,不得私自留存。

(二)检测原始记录的要求

检测原始记录是出具检测报告的依据,是最重要的检测过程记录。为了保证能够复现检测活动的全部过程,原始记录应包含足够的信息。

1.检测原始记录表格的要求

检验检测机构的同一技术专业的参数,原始记录表格格式应统一。

(1)原始记录的标题(如:××产品/项目检测原始记录)。

(2)原始记录的唯一编号和每页及总页数的标识。

2.原始记录的信息要求

(1)样品:样品名称、规格型号、数量、技术状态、试验编号。

(2)检测地点、时间:有要求的应具体到时、分。

(3)检测性质:一般委托、监测、考核、仲裁。

(4)检测条件:环境条件,如温度、湿度、风向、风力、晴、阴、雨等;样品的状态条件,如水泥胶砂试件或混凝土试件是否饱和面干等。

(5)仪器设备:名称、编号,检定/校准有效期。

(6)检测依据:检测标准应正确、齐全并现行有效。

(7)资料:与检测有关的技术资料来源。

(8)数据及处理:检测数据和计算公式、曲线。

(9)说明:标准规定的以及对检测结果有影响的应说明的问题,如混凝土试件的养护情况、龄期等。

(10)其他说明:检测中出现异常情况以及处理的说明。

(11)签字手续:检测人、校核人签名。

3.原始记录的记录要求

(1)所有的检测原始记录应按规定的格式填写,除有特殊规定的,书写时应使用蓝/黑色钢笔或签字笔,字迹应端正、清晰,不得漏记、补记、追记。记录数据占记录格的1/2以下,以便修正记录错误。

(2)使用法定计量单位,按标准规定的有效数字的位数记录,正确进行数据修约。

(3)如遇填写错误需要更正时,应遵循谁记录谁修改的原则,由原记录人员采用"杠改"方式更正,即按规定"杠改"发生的错误记录,表示该记录数据已经无效,在杠改记录格内的右上方填上正确的数据并加盖自己的专用名章。其他人不得代替记录人修改。在任何情况下不得采用涂抹、刮除或其他方式销毁原错误的记录,并应保证其清晰可见。

(4)检测人应按要求填写与试验有关的全部信息,需要说明的应说明。

(5)检测人应按标准要求提交整理分析得出的结果、图表和曲线。

(6)检测人和校核人应按要求在记录表格和图表、曲线的特定位置签署姓名,其他人不得代签。

4.原始记录检测期间的管理要求

(1)检测期间检测人应妥善保管记录,不丢失,不损坏。

(2)检测完成后应将所有的记录集中整理,加目录和说明,与检测报告和其他资料一并上交归档。

(3)检测记录应按规定要求归档,并按委托人的要求处置。

(4)有保密要求的应按保密规定或与委托人的约定归档或移交。

5.原始记录的档案保管要求

(1)原始记录应用书面文件方式归档保存,禁止用磁性方式记录。

(2)归档时原始记录应与检测报告合并成册和有关附件、说明等装盒保管,内部应有详细的目录,外部有明显的标识。

(3)原始记录属于保密文件,借阅原始记录需按规定的程序批准。

(4)原始记录的保存期应根据要求确定。水利工程的检测记录按目前有关政策的要求在工程运行期内不得销毁。

六、检测报告

检测报告是检测的结果,也是检验检测机构向委托人提交的最终成果。检验检测机构的一切质量管理行为都是围绕保证检测报告质量实施的。因此检测人员,无论是从事管理的还是开展检测的,必须了解检测报告应完成的任务和质量把关的主要内容,充分认识检测报告对检验检测机构的重要性。

(一)检测报告应反映的信息

检测报告应包含委托和检测的所有信息。其来源为委托合同和原始记录中的信息,主要包括以下内容。

(1)委托:工程名称、委托单位、经手人、监理单位和责任人、联系方式、委托检测项目的内容和要求。

(2)材料:材料名称、生产厂家、生产时间、规格型号、出厂日期、出产批号。

(3)样品:样品名称、规格型号、数量、取样或制样日期、设计(委托)要求、样品(对象)的特征和技术状态描述、代表性、送样日期和样品委托编号及其标识,样品送达人姓名和送达时间、样品接收人姓名和接收时间。

(4)检测条件和依据:检测时间(如标准有要求应有开始和结束时间,并准确到分钟)、地点、环境条件、采用的对检测结果准确性有影响的所有检测仪器设备(包括设备名称、编号和检定/校准有效期)、检测参数、检测依据的标准(包括方法标准和指标标准)及采用非标准方法的说明和有关文件的标识。

(5)检测结果和结论:检测数据、分析整理结果、与指标相对比的结论。

(6)含有分包结果的:

①有能力的分包。本报告引用包含另一检验检测机构分包结果及说明。其报告中应明确分包项目,并注明承担分包的另一检验检测机构的名称和资质认定许可编号。

②没有能力的分包。由承担分包的另一检验检测机构单独出具检验检测报告。若经客户许可,检验检测机构可将分包给另一检验检测机构的检验检测数据、结果纳入自身的检验检测报告,在其报告中应明确标注分包项目,且注明自身无相应资质认定许可技术能力,并注明承担分包的另一检验检测机构的名称和资质认定许可编号。

(7)需要说明的问题:对使用的方法、环境以及检测中发生的偏离等情况予以说明。必要时,应附以图表、数表、曲线、简图、照片说明测量、检测和导出的结果,以及样品失效的有关证明。

(8)其他需要的说明:对除上述问题以外还有需要说明的问题应加以说明。

(9)审核与批准:审核人、授权签字人履行审核、批准职责,并应按要求在相应栏目签署姓名和日期。

(10)有效性声明:如本检测结果/结论仅对委托送样有效的声明、未加盖检验检测机构印章的复印件无效,未加盖骑缝章的报告无效的声明。本报告的著作权属检验检测机构所有,未经授权不得复制的声明。

(11)投诉:受理对报告不同意见或投诉的途径。

(12)含有抽样的检测报告还应有以下内容:

①抽样日期,抽样位置(包括任何简图、草图或照片),抽样人。

②与抽样方法或程序有关的标准,以及对标准的偏离、增添或删节。

③所用的抽样计划。

④抽样过程可能影响检测结果的环境条件的详细信息(当使用外部企业标准检测时,要注意企业标准的所有权问题)。

(二)检测报告的基本格式

检验检测机构的检测报告应设计规范统一的格式,内容和形式由专业技术人员根据检测参数的技术特点和要求提出,经技术负责人审批同意后使用。报告主要由封面、扉页、报告主页、附件组成。各部分一般包括如下内容。

(1)封面:检测报告名称、编号、检测类型(委托、监测、考核、仲裁等)、委托项目、检验检测机构名称、报告发出时间。

(2)扉页:相关问题的说明(如报告有效性的说明、投诉的受理方式等)、检验检测机构的地址、联系方式和联系人的姓名。

(3)报告主页:主页为统一制定的表格,栏目可根据专业特点适当修改,但信息应按要求齐全。

(4)附件:综合性参数检测结果应以附件方式给出检测结果与指标对照的表格,分析图表、曲线也应在附件中给出,对有关问题的说明,以及应提交的有关文件材料等。

(三)检测报告的结论

检测报告的结论是检测报告的核心内容,也是委托方关注的主要内容,结论应按合同

要求给出,不能遗漏;应按标准的要求给出。总之,结论应准确、得当、全面、严密。报告中的结论应注意以下方面:

(1)凡有相应指标规定的,应以指标为依据,结论应明确是否符合规定要求或是否合格。

(2)凡有相应设计文件对指标有规定的,应以设计指标为依据,结论应明确是否符合设计要求。

(3)凡需要通过统计分析才能给出结论的,应仅给出单次检测的结果,不给出结论。是否合格应由委托单位根据样品批的总体检测结果统计分析后自己给出,除非该数据已经足以判断样品批所代表的产品是不合格的。

(四)检测报告的校/审核

检测报告应根据检验检测机构的情况规定相应的程序进行校/审核,目的是消除检测报告中出现的差错,保证检测报告的质量。下面的审查过程可作为参考。

(1)试验室负责人或质量监督员可对检测过程进行监督并对原始记录和检测报告进行检查核对。

(2)由指定的技术人员对编写好的报告和原始记录进行技术性校核,并签字。

(3)已经定稿交付打印的检测报告(数量根据委托要求和检验检测机构留存),由技术管理室负责管理性审查,并具体提出是否可加盖CMA印章,并签字。

(4)经校核和管理性审查的检测报告,由检验检测机构指定的可以承担审核工作的技术人员审核并签字。

(五)检测报告的批准和保管

(1)经审核的检测报告由受权签字人按核准的授权范围的职权批准签发,任何情况下,其他人无权代替签字批准。

(2)技术管理室将签字盖章生效的检测报告按合同规定的要求分发给接受方。留存的报告正本与检测原始记录一并存档保管。

(六)授权签字人

(1)《检验检测机构资质认定能力评价检验检测机构通用要求》(RB/T 214—2017)释义指出:"授权签字人是由检验检测机构提名,经资质认定部门考核合格后,在其资质认定授权的能力范围内签发检验检测报告或证书的人员。"检验检测机构的授权签字人是检验检测机构根据本机构报告审批的专业特点和需要推荐提名的、由依法组成的资质认定评审组依据《检验检测机构资质认定能力评价检验检测机构通用要求》进行专门考核合格并报国家认证认可监督管理委员会批准的,从根本上来说,其对授权范围的检测报告的签字批准的职权是获得国家认可的。因此,一旦获得确认之后,不经法定程序,任何人无权自行免除或代行其职权。

(2)授权签字人应按授权的专业范围和规定的替补顺序行使检测报告的批准签字职权,任何情况下,不得超越范围。

(3)授权签字人需要变更(免除或增加)的,检验检测机构应按要求向资质认定发证机关履行变更手续,并由依法组成的资质认定评审组对新推荐提名的授权签字人进行考核,合格后按程序上报国家认证认可委批准,方可获得对授权范围的检测报告签字批准职权。

（七）加盖印章

（1）检验检测专用章加盖在检验检测报告封面的机构名称位置或检验检测结论位置，骑缝位置也应加盖。加盖骑缝章应确保每页均有印章痕迹。

（2）在资质认定范围内出具的检验检测报告上予以使用资质认定标志，加盖（或印刷）在检验检测报告封面上部适当位置（一般在左上角位置）。

（八）对可疑结果的处理

（1）当怀疑、发现、得知有关于报告数据或结论有误的信息后，技术负责人应立即从技术管理室资料员处调阅原检测报告档案，迅速组织有关试验室的负责人、监督员和检测员对报告中的可疑数据或遗漏部分进行核查。

（2）在核查中对已发报告的数据和结论产生怀疑或发现问题时，技术负责人应立即起草一份书面文件通知所有检测报告的持有人，要求检测报告持有人暂停使用该编号为×××的检测报告，申明待查实报告的数据和结论后再以书面文件告之。

（3）通知发出的同时，试验室负责人应认真组织实施对所有与检测有关的文件以及检测数据的核查，并根据与委托人签订的检测执行标准核查检测遗漏项目。

（4）试验室负责人应在核查结束时起草一份核查报告，指出存在的问题，提出修改或补充检测报告的处理意见。

（5）如果需要补充检测，则试验室负责人应提出补充检测的可行方案报技术负责人审批。

（6）批准后的补充检测方案，由试验室负责人组织实施并出具补充检测原始记录。

（7）试验室负责人根据补充检测原始记录和核查结果，起草一份"检测报告的修改/补充文件"，必要时应提交新的检测报告，代替原检测报告。

（8）试验室负责人起草的"检测报告的修改/补充文件"或新的检测报告应由试验室负责人签字后转至技术管理室审查。

（9）技术负责人应对"检测报告的修改/补充文件"中的修改或补充内容，以及发生检测问题的追溯情况进行分析审核，经审核无误后将"检测报告的修改/补充文件"或新的检测报告转至授权签字人批准签发。

（10）经授权签字人签发后的"检测报告的修改/补充文件"或新的检测报告由技术管理室盖章后按规定程序发出。

（11）"检测报告的修改/补充文件"或新的检测报告的发放应执行第七条的规定。"检测报告的修改/补充文件"或新的检测报告应发送到所有原检测报告的持有人。

（12）"检测报告的修改/补充文件"或新的检测报告应包含以下内容：

①"检测报告的修改/补充文件"的标题，如检测报告的修改/补充通知书，新的检测报告应按检测机构专门设计的检测修改报告的格式提交。

②与原检测报告中相同的或经核查应修改的所有有关委托项目参数的信息，委托、监理、检验检测机构以及联系人、联系方式的信息，样品的信息，检测依据、检测设备和检测环境条件的信息。

③"检测报告的修改/补充文件"或新的检测报告的唯一编号标识和每页及总页数的

标识。

④补充检测的日期、地点使用的仪器设备和环境条件。

⑤补充检测执行的标准或方法。

⑥原报告的编号。

⑦修改前和修改后内容的对照或修改说明。

⑧更改原因的说明。

⑨关于本"检测报告的修改/补充文件"或新的检测报告的使用和发放范围的声明，以及撤销原检测报告的再次申明。

⑩修改/补充文件的编制人、校核人、审核人和批准人的签字。

⑪修改/补充文件的签发日期。

（九）检测报告的归档

（1）留存的检测报告正本应与委托检测协议（检测任务指令）、原始记录、委托人修改检测方案的书面请求，以及分包检测和批准的例外允许申请等有关的文件一并归档保存。

（2）检验检测机构留存的"检测报告的修改/补充文件"应与原检测报告一并存档保管。

（3）原始记录与检测报告保存期应按规定实行。

（十）检测报告的发送程序和方式

（1）技术管理室资料员应将待发的检测报告根据合同要求的寄达地址用挂号信函寄出。

（2）当委托人提出保密要求，则应通过机要部门按保密文件规定进行交接。

（3）如委托人提出通过电话或传真或电子邮件发送报告，则检验检测机构经办人应详细询问并记录委托人的姓名、电话、传真号码（电子信箱）、收件人姓名，还应认真仔细核对委托检测合同中的记录内容。

（4）当委托人提出索要检测报告的磁盘文件时，检验检测机构向委托人申明，检测报告的磁盘文件不具有法律效力，其结果仅供参考。

（5）发送报告的经办人应如实填写报告发送的有关信息，报告发送记录应包含以下内容：

①发送报告的编号。

②报告发送的数量。

③采用挂号信发送的应有挂号信回执单据，直接送达的应有接收人签字。

④通过电子信箱送达的（如委托人要求），应有接收人确认收到报告的电子回函记录。

⑤通过传真送达的（如委托人要求），应有接收人确认收到报告的回函记录。

⑥发送磁盘拷贝的（如委托人要求），应有接收人确认收到磁盘报告的回函记录。

⑦发送记录的汇总文件，经办人签字。

（十一）发送检测报告的保密要求

（1）检验检测机构的任何人员，不得违反规定私自发布、公布、评价检测结果，也不得通过任何方式向任何人透露检测数据和结果。

（2）除非委托人要求，检验检测机构禁止使用图文传真和电子网络发布传送检测报告。

（3）通过委托代理人领取检测报告，应凭有效的合法委托授权文件签字领取。

（十二）保密文件的交接

（1）有保密要求的文件（包括检测报告）应由机要部门经手交接，不得通过邮局邮寄。

（2）委托单位的保密文件应按委托时双方协商的方式进行交接。

（3）保密文件的交接必须严格履行规定程序，并留有记录。

第三节　检验检测机构资质认定制度概论

检验检测行业是高技术服务业、生产性服务业、科技服务业，具有公共保障性和市场开放性的特征。检验检测与计量、标准、认证认可共同构成国家质量基础设施，是现代服务业的重要组成部分。检验检测在服务国家经济发展、服务业科技发展、保障社会安全、保障人民健康方面发挥着重要的支撑和引领作用。为我国社会和经济发展提供公正、科学的技术支撑，确保检验检测行业的良性发展是检验检测机构资质认定制度的重要使命。

资质认定制度最早始于1985年，经过多年的发展，这项对我国检验检测市场的准入制度由最初的产品质量检验机构计量认证制度演变为检验检测机构资质认定制度，并成为我国检验检测机构进入检验检测市场的基本准入制度。这一制度作为一项行政许可制度，按照国务院对行政许可制度改革的要求，检验检测机构资质认定制度一直在向着"简政放权、放管结合、优化服务"的方向不断改革发展。

一、产品质量检验机构计量认证（以下简称计量认证）与产品质量监督检验机构审查认可（验收）（以下简称审查认可验收）的起源与发展

（一）计量认证与审查认可（验收）的起源

1. 计量认证的起源

20世纪80年代初期，随着我国对外开放和经济体制改革进程的不断加快，计划经济一统全国的局面逐渐由多种经济成分共存的新的社会主义市场经济模式所取代，政府管理部门对企业产（商）品的计划、生产、分配、销售等环节的垄断管理体制逐步被供需双方的供销合同机制所替代。因此，也就产生了供需双方的验货检验需求，同时政府管理部门对产（商）品的产、供、销管理职能转为对产（商）品的质量监督管理职能，进而形成政府对检验机构的需求。于是在随后的几年里从国家到各行业、部门，从省（自治区、直辖市）到地（市、县）相继成立了各级产（商）品质量监督检验机构，承担政府对产（商）品的质量监督抽查及验货、仲裁任务。为了规范这批新成立的产（商）品质检机构和依照其他法律法规设立的专业检验机构的工作行为，提高检验工作质量，原国家计量局借鉴国外对检验机构（检测实验室）管理的先进经验，在1985年颁布《中华人民共和国计量法》时，规定了对检验机构的考核要求。1987年发布的《计量法实施细则》中将对检验机构的考核称之为计量认证。

《计量法实施细则》实施后，原国家计量局为规范计量认证工作，参照英国实验室认

可机构(NAMAS)、欧共体实验室认可机构等国外认可机构对检验机构的考核标准,结合我国实际情况,制定了对检验机构计量认证的考核标准,在试点的基础上于1985年开始对我国的检验机构实施计量认证考核。

由于政府机构改革,计量认证工作的主管机关由最早的原国家计量局(1985~1987),到后来的国家技术监督局(计量司,1987~1995),到原国家技术监督局(实验室评审办,1995~1998),到原国家质量技术监督局(认证与实验室评审管理办公室,1998~2001),到2001年国家认监委成立,这项职能划归认监委(实验室与检测监管部)。20年来,不论管理机关名称怎么变化,有关部门和有关管理人员一直都十分重视这项工作,在各行业主管部门、各地方质量技术监督部门的支持配合下,计量认证从无到有,从少到多,现在已经发展成为我国规范检测市场的一种主要资质认定手段,是一项重要的计量行政审批工作。截至2005年年底,全国计量认证证书共发出20 574张,获证实验室达2万余家(有的实验室以不同名义获多张证书)。计量认证已经成为一个“品牌”,是目前我国实验室评价管理工作中应用范围最广、知名度最高的管理模式。经济活动中评价产品质量的检验报告必须带有计量认证标志已成为社会共识。

2. 审查认可(验收)的起源

20世纪80年代中期,作为政府产品质量监督管理部门的原国家标准局,为监督产(商)品质量,实施了产(商)品质量抽查制度,1986年依照国务院批准实施的《产品质量监督检验测试中心管理试行办法》,在全国范围内开始设立各类国家产品质量监督检验中心,同时国务院各部门、各省(自治区、直辖市)、各地区(市、县)也相继设立了涉及国民经济各个领域的各类产品质量监督检验机构(实验室),对生产和流通领域的产(商)品进行质量监督检验。为了有效地对这些检验机构的工作范围、工作能力、工作质量进行监控和界定,规范检验市场秩序,在办法中提出对检验机构进行审查认可的要求,随后国家技术监督局在1990年发布的《标准化法实施条例》中以法规的形式明确了对设立检验机构的规划、审查条款(《标准化法实施条例》第29条),并将规划、审查工作称之为审查认可(验收),即对技术监督局授权的非技术监督局系统的质检机构的授权(国家质检中心、省级产品专业产品质量监督检验站)称为审查认可,对技术监督系统内的质检机构的考核称为验收。

为实施对依照《标准化法》设立和授权的产品质量检验机构的审查认可(验收)工作,原国家技术监督局质量监督司于1990年发布了《国家产品质量监督检验中心审查认可细则》《产品质量监督检验所验收细则》《产品质量监督检验站审查认可细则》(三个细则都吸收了ISO/IEC导则25—1982的主要内容),由此开始了对国家、省、市、县各级产品质量监督检验机构的审查认可(验收)工作。历经16年的发展,截至2006年上半年,已审查认可国家级产品质量监督检验机构315个,省级质量技术监督局审查认可(验收)省以下质检机构3 300余家。

(二)计量认证与审查认可的社会作用

20余年来,我国计量认证、审查认可工作不断发展,目前,经计量认证、审查认可考核合格的产品质量检验机构的专业已涉及农业、机械、电子、冶金、石油、化工、煤炭、地勘、航空、航天、船舶、建筑、水利、公安、公路、铁路、建材、医药、防疫、农药、种子、环保、节能等国民经济各个领域。它们承担了产品质量监督检验、质量仲裁检验、商贸验货检验、药品检验、防疫检验、工程质量检测、环境监测、地质勘测、节能监测和进出口等大量的检验检测任务,为政府执法部门打击假冒伪劣商品提供了有力的技术保障,为审判机关裁决因产品质量引发的案件提供了准确的技术依据,为商业贸易双方提供了公证的检验结果,为工农业生产和工程项目出据了科学、准确、可靠的检测数据。

从整体上讲,计量认证、审查认可工作为提高产品质量水平、全民质量意识、国家经济建设做出了不可磨灭的贡献。与此同时,计量认证和审查认可这两项技术考核工作也为政府、社会和用户所接受和认可,计量认证的 CMA 标志和审查认可的 CAL 标志已成为国内社会公认的评价检验检测机构的重要标志。在产品质量检验和检测等领域已将计量认证列为检验市场准入的必要条件,为我国检验检测事业发挥了巨大的作用。

近年来,国家发布的法律法规和有关部门发布的部门规章中,凡涉及检验检测机构资质的,都把计量认证作为必要的前置资质要求。例如:

(1)2004 年 4 月 30 日国务院令第 405 号颁布的《中华人民共和国道路交通安全法实施条例》第十五条规定:"质量技术监督部门负责对机动车安全技术检验机构实行资格管理和计量认证管理。"

(2)2004 年 12 月 16 日中国气象局第 8 号令发布的《防雷减灾管理办法》第二十九条规定:"防雷产品检测机构应当通过计量认证。"

(3)2005 年 2 月 28 日第十届全国人民代表大会常务委员会第十四次会议通过的《全国人大常委会关于司法鉴定管理问题的决定》第五条规定:法人或者其他组织申请从事司法鉴定业务的,应当具备"有在业务范围内进行司法鉴定所必需的依法通过计量认证或者实验室认可的检测实验室。"

(4)2006 年 4 月 29 日中华人民共和国主席令第 49 号颁布的《中华人民共和国农产品质量安全法》第三十五条规定:"农产品质量安全检测机构应当依法经计量认证合格。"

(5)2005 年 9 月 28 日建设部令第 141 号发布的《建设工程质量检测管理办法》第五条规定:申请建设工程检测资质,需要提供与所申请资质范围相对应的计量认证证书。

由此可见,计量认证作为我国政府强制实施的一种资质认定形式,已经被多部法律法规所引用,产生极其深远的社会影响。

(三)计量认证与审查认可(验收)的发展

1. 计量认证与审查认可(验收)的改革及评审准则的演变

计量认证与审查认可(验收)在我国开展近 20 年来,为规范检验机构行为,整顿检验秩序,提高检验工作质量发挥了重要作用。检验机构本身也通过持续的评审考核逐步建立起了一套较为完善的质量保证体系,20 世纪 80 年代中期相继建立的这批检验机构现已发展成为我国质量检验体系中的中坚力量。

进入 21 世纪,特别是为适应目前国内和国际形势发展以及政府职能转变,实行政事和政企分开,建立廉洁高效政府管理的要求,把属于企业、事业、中介组织的职能完全放给他们,属于政府职能的要严格依法行政。根据市场经济发展的规律,检验机构应属中介组织。由于历史原因,计量认证和审查认可(验收)工作分别由计量部门和质量监督部门实施,其考核标准基本类同,致使检验检测机构长期接受考核条款相近的两种考核,造成了对检验检测机构的重复评审。当时,我国入世在即,对检验检测机构的考核标准也需要与国际上对实验室考核的标准趋向一致。原国家质量技术监督局(认评司)为解决重复考核和与国际惯例接轨问题,同时又兼顾我国法律要求和具体国情,决定制定计量认证、审查认可"二合一"评审准则——《产品质量检验机构计量认证/审查认可(验收)评审准则》,替代原计量认证考核条款和审查认可(验收)条款。该"二合一"评审准则于2000年10月24日发布,于2001年12月1日实施。该评审准则的出台,从根本上解决了对法定检验检测机构的重复评审问题,也是计量认证与审查认可发展的必然结果。

该评审准则将原JJG 1021的考核内容(俗称50条)和原审查认可的考核内容(俗称39条)进行了结合,以当时即将发布的国家标准《检测和校准实验室能力的通用要求》(GB/T 15481—2000,等同采用ISO/IEC 17025:1999)为蓝本,吸纳了国家有关法律法规和质量技术监督部门关于检验检测机构资质条件的强制性规定,作为计量认证、审查认可评审的特殊条款。当实验室同时申请实验室认可和计量认证/审查认可时,评审主要依据CNCA的实验室认可准则(等同采用ISO/IEC 17025),不另外进行计量认证/审查认可评审,只考核计量认证/审查认可特殊要求。这样做,减轻了实验室的负担,促进了实验室评审体系的统一。

2. 计量认证、审查认可(验收)同实验室认可的关系

为了使实验室认可工作同国际通行做法完全一致,使我国的实验室管理水平和检测能力同国际惯例接轨,1994年9月原国家技术监督局成立了中国实验室国家认可委员会(英文缩写CNACL),由CNACL负责实验室认可工作,其运作程序同国际通行做法完全一致,运行数年来已为国际同行所认同,1999年同亚太实验室认可合作组织(APLAC)有关成员签署了互认协议,2000年又同国际实验室认可合作组织(ILAC)的35个成员签署了互认协议。按照国际惯例,申请实验室认可是实验室的自愿行为。实验室为完善其内部质量体系和技术保证能力向认可机构申请认可,由认可机构对其质量体系和技术能力进行评审,进而做出是否符合认可准则的评价结论。如获得认可证书,则证明其具备向用户、社会及政府提供自身质量保证的能力。

计量认证是我国通过计量立法,对凡是为社会出具公证数据的检验检测机构(实验室)进行强制考核的一种手段,也可以说,计量认证是具有中国特点的政府对实验室的强制认可。

审查认可(验收)是政府质量管理部门对依法设置或授权承担产品质量检验任务的质检机构设立条件、界定任务范围、检验能力考核、最终授权(验收)的强制性管理手段。这种授权(验收)前的评审,当然也完全可以建立在计量认证/审查认可评审或实验室认可评审的基础上。这样就可以大大减少对实验室的重复评审,这是多年来质检机构(实验室)一直期盼的。为此,将计量认证和审查认可(验收)评审内容统一,正是我们改革调整发展的真正目的。

综上所述,我们了解到计量认证/审查认可(验收)是法律法规规定的强制性行为,其管理模式为国家和省两级管理,以维护国家法制的需要,其考核工作是在注重国际通行做法的基础上充分考虑了我国国情和计量认证/审查认可(验收)实践的基础上而实施的。CNACL实验室认可工作是我国完全与国际惯例接轨的一套国家实验室认可体系,目前已

有亚太、欧洲、南非和南美洲等地区实验室认可机构承认其认可结果。

为减轻实验室负担,促进 CNACL 认可评审工作与计量认证/审查认可(验收)评审工作的统一,1997 年 5 月,国家质量技术监督局"技监局评发〔1997〕81 号文件规定,国家质检中心的审查认可/计量认证考核、省级产品质检所及计划单列市质检所'验收'的评审工作授权给 CNACL 承担,与实验室认可评审一并进行,即所谓的'三合一'评审"。2000 年,原国家质量技术监督局又下文,将省级纤维质量监督检验机构的计量认证/审查认可评审工作也授权给 CNACL 进行。对于行业的部级检测实验室申请实验室认可的,将计量认证考核与实验室认可考核合并进行,即所谓的"二合一"评审。2004 年 11 月,国家认监委下发了《关于同时申请计量认证和实验室认可的实验室填写一套申请书的通知》(国认实函〔2004〕249 号),规定同时申请实验室认可和计量认证的实验室,只需填写同一格式的申请书。政府授权实验室认可委员会从事对国家级质检中心、省级产品质检、纤检机构和行业检测中心的技术评审活动,极大地推动了我国的实验室认可工作。实验室认可从 20 世纪 90 年代中期的不到 100 家,发展到了 2 500 多家(截至 2005 年年底)。在这期间,实验室认可委员会的机构和名称也进行了几次变化:首先是 2002 年 7 月 4 日,原 CNACL 与原中国进出口实验室国家认可委员会(CCIBLAC)进行合并,组建了新的中国实验室国家认可委员会,简称 CNAL。2006 年 3 月 31 日,中国实验室认可委员会又与中国认证机构国家认可委员会合并,组建了中国合格评定国家认可委员会,简称 CNAS。

为推动实验室认可在我国的发展,对于一些特定实验室(如国家质检中心、省级产品质检纤检所),政府授权实验室认可委员会从事原来由政府直接组织专家进行的技术评审工作,这是体现政府职能转变、政事分开的一项重大举措。为了减轻实验室负担,对于同时申请实验室认可和资质认定(计量认证、审查认可)的,国家鼓励其同时进行评审,通过后分别发证。

二、检验检测机构资质认定制度的产生和发展

(一)检验检测机构资质认定制度的产生

1. 资质认定概念的出现

2001 年 8 月 29 日,国家认证认可监督管理委员会(以下简称"国家认监委")成立,产品质量检验机构计量认证、审查认可(验收)职能划转到国家认监委,产品质量检验机构计量认证和审查认可(验收)成为国家认监委的两项行政许可制度。

2003 年 9 月 3 日,国务院公布了《中华人民共和国认证认可条例》(中华人民共和国国务院令第 390 号),自 2003 年 11 月 1 日起正式实施。其中第十六条规定:"向社会出具具有证明作用的数据和结果的检查机构、实验室,应当具备有关法律、行政法规规定的基本条件和能力,并依法经认定后,方可从事相应活动,认定结果由国务院认证认可监督管理部门公布。"根据此条规定,确立了向社会出具具有证明作用的数据和结果的检查机构、实验室资质认定制度,并经国务院确认,成为国家认监委实施的一项行政许可事项。

2. 资质认定管理办法和准则的发布

2006 年,2 月 21 日,为适应国内和国际形势的发展和政府职能转变,《实验室和检查机构资质认定管理办法》(国家质量监督检验检疫总局令第 86 号,简称"86 号令")公布,

于 2006 年 4 月 1 日起实施。1987 年国家计量局颁布的《产品质量检验机构计量认证管理办法》同时废止。《实验室和检查机构资质认定管理办法》第六条规定：资质认定的形式包括计量认证和审查认可。86 号令的实施，使《中华人民共和国认证认可条例》确定的实验室和检查机构资质认定制度逐步规范、完善和发展。

2006 年 7 月 27 日，为贯彻落实《实验室和检查机构资质认定管理办法》，国家认监委印发了《实验室资质认定评审准则》（国认实函〔2006〕141），自 2007 年 1 月 1 日开始实施，同时原国家质量技术监督局 2000 年发布的《产品质量检验机构计量认证/审查认可（验收）评审准则》（试行）废止。

《实验室资质认定评审准则》吸纳了国际标准《检测和校准实验室能力的通用要求》（ISO/IEC 17025：2005）的精髓，兼顾我国政府对检验检测市场强制管理的要求，是将产品质量检验机构计量认证和审查认可的评审要求统一为资质认定的准则，推进了产品质量检验机构计量认证和审查认可的技术评审活动与国际接轨。

（二）检验检测机构资质认定制度的发展

1. 资质认定管理办法的修订

为贯彻落实党的十八大和十八届三中、四中全会精神，进一步简政放权，深化检验检测机构资质许可改革，完善统一、科学、有效的检验检测机构资质认定制度，营造公平竞争、有序开放的检验检测市场环境，国家认监委自 2012 年启动了对《实验室和检查机构资质认定管理办法》的修订工作。

2. 资质认定规章的发布

2015 年 3 月，国家质量监督检验检疫总局审议通过《检验检测机构资质认定管理办法》（简称"163 号令"），于 2015 年 4 月 9 日公布，自 2015 年 8 月 1 日实施。《检验检测机构资质认定管理办法》体现了"简政放权、放管结合、优化服务"的行政审批制度改革要求，顺应了检验检测行业快速发展的客观需要。

3. 资质认定实施要求的出台

2015 年 7 月 31 日，为贯彻落实《检验检测机构资质认定管理办法》，国家认监委印发了《国家认监委关于实施〈检验检测机构资质认定管理办法〉的若干意见》（国认实〔2015〕49 号），该若干意见就"检验检测机构资质认定实施范围""检验检测机构主体准入条件""调整有关检验检测机构资质、资格许可权限"等 12 个方面提出了指导意见。

2015 年 7 月 31 日，国家认监委印发了《国家认监委关于印发检验检测机构资质认定配套工作程序和技术要求的通知》（国认实〔2015〕50 号），包括《检验检测机构资质认定评审准则》（试行）、《检验检测机构资质认定 公正性和保密性要求》等 15 份配套工作程序和技术要求。

4. 资质认定行业标准的发布

2017 年 10 月 16 日，国家认监委发布了《检验检测机构资质认定能力评价 检验检测机构通用要求》（RB/T 214—2017）等 7 项认证认可行业标准，作为检验检测机构资质认定评审和管理的要求。其中，《检验检测机构资质认定能力评价 检验检测机构通用要求》（RB/T 214—2017）采用了国际标准《检测和校准实验室能力的通用要求》（ISO/IEC 17025：2017）的要求，规定了对检验检测机构进行资质认定能力评价时，在机构、人员、场所环境、设备设施、管理体系等方面的通用要求。对检验检测机构资质认定的评审和管理活动进行了进一步规范,充分体现了国务院"放管服"的改革精神,是检验检测机构资质认定制度深化改革的重要成果。

三、检验检测机构资质认定

(一)检验检测机构的基本条件与能力及其资质

(1)检验检测机构的基本条件,是指检验检测机构应满足的法律地位、独立性和公正性、安全、环境、人力资源、设施、设备、程序和方法、质量体系和财务等方面的要求。

(2)检验检测机构的能力,是指检验检测机构运用其基本条件以保证其出具的具有证明作用的数据和结果的准确性、可靠性、稳定性的相关经验和水平。

(3)检验检测机构的资质,是指向社会出具具有证明作用的数据和结果的检验检测机构应当具备的基本条件和技术能力。

(二)资质认定

(1)资质认定包括检验检测机构的计量认证。

(2)从事下列活动的机构应当通过资质认定:①为司法机关做出的裁决出具具有证明作用的数据、结果的;②为行政机关做出的行政决定出具具有证明作用的数据、结果的;③为仲裁机构做出的仲裁决定出具具有证明作用的数据、结果的;④为社会经济、公益活动出具具有证明作用的数据、结果的;⑤其他法律法规规定应当取得资质认定的。

(3)检验检测机构资质认定工作应当遵循统一规范、客观公正、科学准确、公平公开的原则。

(三)资质认定程序

(1)国家认监委负责国务院有关部门以及相关行业主管部门依法设立的检验检测机构资质认定工作;各省、自治区、直辖市人民政府质量技术监督部门负责所辖区域内检验检测机构的资质认定工作。

(2)国家认监委依据国家有关法律法规和标准、技术规范的规定,制定检验检测机构资质认定基本规范、能力评价要求以及资质认定证书和标志的式样,并予以公布。

(3)申请资质认定的检验检测机构应当符合以下条件:①依法成立并能够承担相应法律责任的法人或者其他组织;②具有与其从事检验检测活动相适应的检验检测技术人员和管理人员;③具有固定的工作场所,工作环境满足检验检测要求;④具备从事检验检测活动所必需的检验检测设备设施;⑤具有并有效运行保证其检验检测活动独立、公正、科学、诚信的管理体系;⑥符合有关法律法规或者标准、技术规范规定的特殊要求。

(4)检验检测机构资质认定程序:①申请资质认定的检验检测机构(以下简称申请人),应当向国家认监委或者省级资质认定部门(以下统称资质认定部门)提交书面申请和相关材料,并对其真实性负责;②资质认定部门应当对申请人提交的书面申请和相关材料进行初审,自收到之日起5个工作日内做出受理或者不予受理的决定,并书面告知申请人;③资质认定部门应当自受理申请之日起45个工作日内,依据检验检测机构资质认定基本规范、能力评价要求,完成对申请人的技术评审。技术评审包括书面审查和现场评审。技术评审时间不计算在资质认定期限内,资质认定部门应当将技术评审时间书面告知申请人。由于申请人整改或者其他自身原因导致无法在规定时间内完成的情况除外；④资质认定部门应当自收到技术评审结论之日起 20 个工作日内，做出是否准予许可的书面决定。准予许可的，自做出决定之日起 10 个工作日内，向申请人颁发资质认定证书。不予许可的，应当书面通知申请人，并说明理由。

（5）资质认定证书有效期为 6 年。需要延续资质认定证书有效期的，应当在其有效期届满 3 个月前提出申请。资质认定部门根据检验检测机构的申请事项、自我声明和分类监管情况，采取书面审查或者现场评审的方式，做出是否准予延续的决定。

（6）有下列情形之一的，检验检测机构应当向资质认定部门申请办理变更手续：①机构名称、地址、法人性质发生变更的；②法定代表人、最高管理者、技术负责人、检验检测报告授权签字人发生变更的；③资质认定检验检测项目取消的；④检验检测标准或者检验检测方法发生变更的；⑤依法需要办理变更的其他事项。

（7）检验检测机构申请增加资质认定检验检测项目或者发生变更的事项影响其符合资质认定条件和要求的，依照检验检测机构资质认定管理办法规定的程序，申请资质认定扩项。

（四）检验检测机构从业规范

（1）检验检测机构及其人员从事检验检测活动，应当遵守国家相关法律法规的规定，遵循客观独立、公平公正、诚实信用原则，恪守职业道德，承担社会责任。

（2）检验检测机构及其人员应当独立于其出具的检验检测数据、结果所涉及的利益相关各方，不受任何可能干扰其技术判断因素的影响，确保检验检测数据、结果的真实、客观、准确。

（3）检验检测机构应当定期审查和完善管理体系，保证其基本条件和技术能力能够持续符合资质认定条件和要求，并确保管理体系有效运行。

（4）检验检测机构应当在资质认定证书规定的检验检测能力范围内，依据相关标准或者技术规范规定的程序和要求，出具检验检测数据、结果。检验检测机构出具检验检测数据、结果时，应当注明检验检测依据，并使用符合资质认定基本规范、检验检测机构资质认定能力评价规定的用语进行表述。检验检测机构对其出具的检验检测数据、结果负责，并承担相应法律责任。

（5）从事检验检测活动的人员，不得同时在两个以上检验检测机构从业。

检验检测机构授权签字人应当符合资质认定能力评价规定的能力要求。非授权签字人不得签发检验检测报告。

（6）检验检测机构不得转让、出租、出借资质认定证书和标志；不得伪造、变造、冒用、租借资质认定证书和标志；不得使用已失效、撤销、注销的资质认定证书和标志。

（7）检验检测机构向社会出具具有证明作用的检验检测数据、结果的，应当在其检验检测报告上加盖检验检测专用章，并标注资质认定标志。

（8）检验检测机构应当按照相关标准、技术规范以及资质认定能力评价规定的要求，对其检验检测的样品进行管理。检验检测机构接受委托送检的，其检验检测数据、结果仅证明样品所检验检测项目的符合性情况。

（9）检验检测机构应当对检验检测原始记录和报告归档留存，保证其具有可追溯性。

原始记录和报告的保存期限不少于6年。

（10）检验检测机构需要分包检验检测项目时，应当按照资质认定能力评价的规定，分包给依法取得资质认定并有能力完成分包项目的检验检测机构，并在检验检测报告中标注分包情况。具体分包的检验检测项目应当事先取得委托人书面同意。

（11）检验检测机构及其人员应当对其在检验检测活动中所知悉的国家秘密、商业秘密和技术秘密负有保密义务，并制定实施相应的保密措施。

（12）检验检测机构应当定期向资质认定部门上报包括持续符合资质认定条件和要求、遵守从业规范、开展检验检测活动等内容的年度报告，以及统计数据等相关信息。

检验检测机构应当在其官方网站或者以其他公开方式，公布其遵守法律法规、独立公正从业、履行社会责任等情况的自我声明，并对声明的真实性负责。

四、内部审核与管理评审

（一）内部审核

1. 审核与内部审核

审核是指为获得审核证据并进行客观的评价，以确定满足《检验检测机构资质认定能力评价 检验检测机构通用要求》（RB/T 214—2017）的程度所进行的系统的、独立的并形成文件的过程。

内部审核是检验检测机构自身必须建立的评价机制，对所策划的体系、过程及其运行的符合性、适宜性和有效性进行系统的、定期的审核，保证管理体系的自我完善和持续改进过程。

内部审核简称"内审"，是检验检测机构自己进行的，用于内部目的的审核，也称第一方审核，是一种自我约束、自我诊断和自我完善的活动。

2. 内部审核步骤

内部审核应按照检验检测机构管理体系文件的要求进行。审核步骤一般包括：①内部审核的策划与准备。按检验检测机构管理体系内部审核程序的规定制订年度审核计划。实施审核计划时，则应按照年度计划的安排，制订内审实施审核计划；成立审核组，内审组成员一般应具有内审员资格。内审组长应就本次审核制订专项审核活动计划，准备审核工作文件与记录表格，内审员还应根据各自的分工，精心策划审核检查表。②内审的实施。一般以首次会议开始，内审员运用各种审核方法和技巧，得出审核发现，进行分析判断，收集审核证据并详细记录，开出不合格报告，现场审核到末次会议结束。内审组长应注意掌握并控制审核的全过程。③编写内审报告。现场审核结束后内审组长应根据内部审核程序的规定，编制内审报告，报告应包括纠正、预防和改进措施的提出及分层实施的要求，报告经质量主管批准后分发到有关的部门和人员，同时内审记录、内审报告等应及时归档。④跟踪审核验证。审核后的纠正及跟踪应在内审报告限定的时间内完成，并在下一次内审中对实施的情况进行复查评价，并写入报告，实现内审的闭环管理，推动持续质量改进。⑤内审的总结。本年度审核结束后，尤其是滚动内审或多场所内审全部完成后，质量管理部门或质量负责人应对本年度的内审工作进行全面的评价。包括年度计划是否合适、组织是否合理、内审人员是否适应内审工作、经验教训及今后的打算。

3.现场审核原则

现场审核应掌握以下原则：①坚持以客观证据为依据的原则。②坚持审核依据与实际情况核对的原则。③坚持独立、公正的原则。坚持独立、公正的原则体现在：一方面审核员应独立于被审核部门，另一方面审核员判断时，应排除其他影响独立、公正的干扰因素，不能因情面或畏惧等不良影响而私自消化缺陷甚至不合格项。④坚持"三要三不要"的原则。即：要讲客观证据，不要凭感情、凭感觉、凭印象用事；要追溯到实际做得怎样，不要仅停留在文件、口头上面；要按审核计划如期进行，不要"不查出问题不罢休"。当按抽样方案审核未发现不符合项时，就应判为合格，转到下一个审核项目上去。

4.不合格项及其类型

不合格项是指未满足《检验检测机构资质认定能力评价 检验检测机构通用要求》、管理体系文件、合同、社会要求以及其他规定的要求的内容。从性质上可将不合格项分为三类：

（1）体系（文件）性不合格。体系性不符合是指体系文件制定的与有关法律法规、《检验检测机构资质认定能力评价 检验检测机构通用要求》、合同要求不符；或是该有的文件根本没有制定。例如，缺少17025标准要求制定的某个程序；或是由于理解不到位而使文件要求发生偏离，如程序文件规定最终报告/证书可以按客户的要求编制；期间核查程序写成缩短检定周期的再校准等。

（2）实施性不符合。实施性不符合是指文件的制定符合要求，但员工未按文件要求进行。例如，文件规定原始记录应在工作时予以记录（即不能追记），但实际上每次检测的数据都是先记在一张纸上，然后再抄到原始记录表格上。

（3）效果性不符合。效果性不符合是指文件的制定符合要求，也确实执行实施了，但由于实施不够认真，或由于某些偶发原因而使效果未能达到规定的结果。如环境条件漏记、数据更改不规范等。

（二）管理评审

1.定义

管理评审是由（检验检测机构）最高管理者就质量方针和目标，对质量体系的现状和适应性进行的正式评价。管理评审的目的是为了确保检验检测机构质量管理体系的适宜性、充分性、有效性和效率，以达到检验检测机构质量目标所进行的活动，是为质量管理体系持续改进提供证据。

2.分类与频次

管理评审分为定期评审与不定期评审。定期评审一年一次（在不超过12个月的周期内），一般可安排在管理体系内部审核后进行。当发生重大质量事故或管理体系发生重大变化时应组织不定期的管理评审。

3.管理评审的输入

管理评审的输入应包括以下信息：①检验检测机构相关的内外部因素的变化；②目标的可行性；③政策和程序的适用性；④以往管理评审所采取措施的情况；⑤近期内部审核的结果；⑥纠正措施；⑦由外部机构进行的评审；⑧工作量和工作类型的变化或检验检测机构活动范围的变化；⑨客户反馈；⑩投诉；⑪实施改进的有效性；⑫资源配备的合理性；

⑬风险识别的可控性;⑭结果质量的保障性;⑮其他相关因素,如监督活动和培训。

　　4. 管理评审的输出

　　管理评审的输出应包括以下内容:①检验检测机构相关的内外部因素的变化;②目标的可行性;③政策和程序的适用性;④以往管理评审所采取措施的情况;⑤近期内部审核的结果。

　　5. 管理评审的实施

　　管理评审是以评审会议的的形式进行的,评审会议由最高管理层主持,质量负责人组织最高管理层成员、各部门负责人和有关人员参加。参会人员按照评审计划对本机构管理体系的适宜性、充分性、有效性以及是否能够保证质量方针和目标的实现进行评价,确保管理体系不断改进,持续有效的运行。

　　管理层应确保管理评审输出的实施。

　　6. 编写管理评审报告

　　管理评审会议结束后,由质量负责人对评审结果形成评审报告,内容应应包括:管理评审的目的、日期、参加人员、评审概括、各项评审内容、评价结论、总体评价结论、主要问题及调整、改进措施和要求。报告经最高管理层批准后发布。对提出的改进措施,管理层应确保负有管理职责的部门或岗位人员启动有关工作程序,在规定的时间内完成改进工作,并对改进结果进行跟踪验证。

　　管理评审记录应存档保留。

五、实验室岗位责任制及其内容

　　岗位责任制是检验检测机构内部各级部门、各类人员工作责、权、利的规定。它既包括各类人员岗位职责也包括经济、技术责任等内容。

　　岗位责任制的内容包括:①岗位名称或职务;②职责;③权限;④工作关系(相关责任),对上级责任、对下级责任、平行责任;⑤经济责任;⑥任用资格,岗位条件。

六、检验检测机构管理人员与授权签字人

　　检验检测机构的管理人员是指对质量和技术负有管理职责的人员,包括管理层、技术负责人和质量负责人等。

　　管理层不限于具有最高权力的一位领导,可以是若干领导组成的管理层。检验检测机构应确定全权负责的管理层,管理层应履行其对管理体系的领导作用和承诺:①对公正性做出承诺;②负责管理体系的建立和有效运行;③确保管理体系所需的资源;④确保制定质量方针和质量目标;⑤确保管理体系要求融入检验检测的全过程;⑥组织质量管理体系的管理评审;⑦确保管理体系实现其预期结果;⑧满足相关法律法规要求和客户要求;⑨提升客户满意度;⑩运用过程方法建立管理体系和分析风险、机遇。

　　《检验检测机构资质认定能力评价检验检测机构通用要求》规定,检验检测机构技术负责人应具有中级及以上相关专业技术职称或者同等能力,胜任所承担的工作。技术负责人全面负责技术运作。技术负责人可以是一人,也可以是多人,以覆盖检验检测机构不同的技术活动领域。主要职责是负责技术管理,即对检验检测机构的主过程(数据结果

形成过程)全面负责,包括策划、实施、检查到处置(PDCA)全过程控制。从合同评审识别客户需求开始,到发出报告或证书,对检验检测过程和报告结果进行质量控制。技术负责人都应发挥其全面负责的作用,保证出具正确可靠的检验检测数据、结果。

检验检测机构应指定质量负责人,赋予其明确的责任和权力,确保管理体系在任何时候都能得到实施和保持。质量负责人通常可以采取组织内审作为主要方法,推动管理体系要求得到全面执行。质量负责人应能与检验检测机构决定政策和资源的管理层直接接触和沟通,以决策和解决管理体系方面存在的问题。

总体上说,技术负责人通过对专业技术问题的处理和把握,从有效性方面确保检测工作的质量;质量负责人则是通过对管理体系的运行和维护,从持续改进方面来保证检测工作的质量。技术负责人和质量负责人是一个检验检测机构中非常重要的两个管理者,在管理体系文件中的岗位描述(岗位职责)中要把他们的职责描述清楚。

授权签字人是由检验检测机构提名,经资质认定部门考核合格后,在其资质认定授权的能力范围内签发检验检测报告或证书的人员。

签发(批准)检测报告是报告审核的最后一关,对保证检测报告的准确性、完整性、有效性和合法性具有至关重要的作用。有些检验检测机构对授权签字人的理解不准确,与技术负责人或单位行政领导相混淆,或授权签字人不具备条件,影响到检测报告的质量。因此,授权签字人不是职务,只是一个重要的岗位。授权签字人在批准检测报告时应对报告的总体质量把关,包括报告的准确性、完整性、有效性和合法性等方面。

按照《检验检测机构资质认定能力评价检验检测机构通用要求》,授权签字人应具有中级及以上相关专业技术职称或同等能力,并经资质认定部门批准。非授权签字人不得签发检验检测报告或证书。授权签字人对签发的报告承担全面技术责任,不仅要对所在检验检测机构负责,还应对资质认定部门负责。授权签字人应:①熟悉检验检测机构资质认定相关法律法规的规定,熟悉《检验检测机构资质认定能力评价检验检测机构通用要求》及其相关的技术文件的要求;②具备从事相关专业检验检测的工作经历,掌握所承担签字领域的检验检测技术,熟悉所承担签字领域的相应标准或者技术规范;③熟悉检验检测报告或证书审核签发程序,具备对检验检测结果做出评价的判断能力;④检验检测机构对其签发报告的职责和范围应有正式授权。

一些实验室在授权签字人的理解和设置上存在一些共性的问题,主要包括:①概念不清。至今还有一些检验检测机构认为质量负责人是审核检测报告的,技术负责人是批准检测报告的。技术负责人和质量负责人是一种管理者职务,而授权签字人只是一个关键岗位,技术负责人往往是授权签字人,但授权签字人不仅仅是技术负责人,他往往是检验检测机构技术管理层的人员。②授权签字人申请书上申报的与质量手册中的规定不符。③授权签字人数量不合理。有的检验检测机构只有一名授权签字人,这是不合理的,如果这名授权签字人有事不在,报告就无法签发;有的检验检测机构规模很小,但是设置了三四名授权签字人,也是不必要的,这样的单位往往是对授权签字人的概念理解有误,有的授权签字人从未签发过检测报告。④质量手册中的问题。质量手册中要有授权签字人的签字识别,在岗位职责中应有授权签字人的岗位职责。有些检验检测机构的手册中没有授权签字人的岗位职责,反映出没有把授权签字人作为一个重要而且关键的岗位对待;有的手册中授权签字人的岗位职责又写的太多,超出了授权签字人的职责范围,包括了体系文件的签字、报告的审核等,授权签字人的岗位职责很简单,就是在授权领域内签发检测报告,并对报告的质量负责。⑤授权签字人设置不合理。授权签字人应按准则要求,切不可随意设置。最高管理者(法定代表人)要认真考虑授权签字人的设置,因为他签发的检测报告出了问题,法定代表人要同样承担法律责任。有的检验检测机构似乎认为授权签字人必须由有一定行政职务的人担任,这是不必要的,不参与具体检测管理工作也不熟悉检测业务的行政领导最好不要担任授权签字人。⑥授权签字人没有代理人。《检验检测机构资质认定能力评价检验检测机构通用要求》中所说的代理人是技术负责人和质量负责人的代理人,不是授权签字人的代理人,授权签字人是没有也不能有代理人的。有的检验检测机构对此理解不清,在手册中将技术负责人、质量负责人、代理人和授权签字人的概念表述混乱。因此,授权签字人的数量要合适,签字的分工是检验检测机构内部的事情。⑦授权签字人随意变更。授权签字人的变更必须向发证机构申报,经必要的考核和备案后方可变更。授权签字人的变更考核最好在资质认定评审、复审、扩项和监督评审时进行。

对授权签字人最好进行专门的培训和考核,各试验室应认真考虑、合理设置授权签字人。授权签字人应掌握的知识包括:法律法规、管理体系的建立和运行、资质认定的有关概念和《检验检测机构资质认定能力评价检验检测机构通用要求》、法定计量单位、数据处理、统计技术、抽样技术、测量误差、测量不确定度、仪器设备量值溯源和基本的专业知识等。

七、管理体系运行控制的对象

管理体系运行控制的对象包括:①资源的控制。如人力资源、物质资源(仪器设备、标准物质、设施和环境、检测样品等)、方法资源。②过程的控制。包括对检测全过程的控制,如取样→样品制备检测(含现场检测)→记录→数据处理和核验→检测报告等过程。③质量管理全过程的控制。如"管理体系内部审核和管理评审"、"检验检测分包"、"服务和供应品的采购"、"投诉"等要素的控制。

检验检测机构应当按照资质认定部门的要求,参加其组织开展的能力验证或者比对,以保证持续符合资质认定条件和要求。鼓励检验检测机构参加有关政府部门、国际组织、专业技术评价机构组织开展的检验检测机构能力验证或者比对。

第四节　能力验证

一、能力验证的作用和目的

(一)能力验证的作用

能力验证是利用检验检测机构间比对来确定实验室检验检测能力的活动,实际上它是为确保检验检测机构维持较高的检验检测水平而对其能力进行考核、监督和确认的一种验证活动。参加能力验证计划,可为检验检测机构提供评价其出具数据可靠性和有效

性的客观证据,它的主要作用可归纳为以下4方面:

(1)评价检验检测机构是否具有胜任其所从事的检验检测工作的能力,包括由检验检测机构自身、检验检测机构客户,以及认可或法定机构等其他机构进行的评价。

(2)通过检验检测机构检验检测能力的外部措施,来补充检验检测机构内部的质量控制程序。

(3)这些活动也补充了由技术专家进行检验检测机构现场评审的手段,而现场评审被认可或法定机构所经常采用。

(4)增加检验检测机构客户对检验检测机构能力的信任,就检验检测机构的生存与发展而言,用户对其是否能够持续出具可靠数据的信任度是非常重要的。

(二)能力验证的目的

能力验证是确定检验检测机构检验检测能力的检验检测机构比对,而开展这种比对活动的目的可归纳为以下7方面:

(1)确定检验检测机构进行某些特定检验检测的能力,以及监控检验检测机构的持续能力。

(2)识别检验检测机构中的问题并制定相应的补救措施,这些措施可能涉及诸如个别人员的行为或仪器的校准等。

(3)确定新的检验检测方法的有效性和可比性,并对这些方法进行相应的监控。

(4)增加检验检测机构用户的信心。

(5)识别检验检测机构间的差异。

(6)确定某种方法的性能特征——通常称为协作实验。

(7)为参考物质(RMs)赋值,并评价它们在特定检验检测程序中应用的适用性。

能力验证是为实现目的之一而进行的检验检测机构间比对,即确定检验检测机构的检验检测能力。但能力验证计划的运作也常为上面所列的其他目的提供信息。

二、能力验证的类型

最常用的能力验证有以下六种类型。

(一)检验检测机构间量值比对

量值比对所涉及的被测物品,是按顺序从一个参加检验检测机构传送到下一个检验检测机构,这类比对通常具有以下4个特征:

(1)被测物品的指定值(参考值)由某个参考检验检测机构提供,该检验检测机构应尽量考虑由国家有关测量的最高权威机构(如国家计量院)承担。

(2)被测物品是按顺序传递给下一个参加检验检测机构,在传递过程中应确保被测物品的稳定性,因此有必要在能力验证过程中对其进行校核,以保证特性及其指定值不发生明显变化。

(3)量值比对的周期往往很长,因此应严格控制被测物品的传送时间和各参加者的测量时间,在比对实施过程中(而不是在整个比对结束后)应及时向参加检验检测机构反馈有关信息,例如以中期报告的形式。

(4)将各测量结果与参考检验检测机构所确定的参考值相比较,应考虑各参加检验检测机构声明的测量不确定度。

用于此类比对的测量物品,可以包括参考标准(如电阻器、量规和仪器等),典型的校准检验检测机构间量值比对见图3-4。

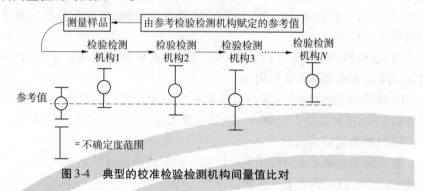

图3-4　典型的校准检验检测机构间量值比对

(二)检验检测机构间检测比对

检测比对是从材料源中随机抽取若干样品,同时分发给参加检验检测机构进行检测。这种方法有时也用于检验检测机构间量值比对,它有以下3个特征:

(1)被测物品是从样品集合中随机得到的。

(2)每轮比对中提供给参加者的整批被测物品,必须充分均匀,以保证计划中所判别出的任何极端结果均不能归因于被测物品间存在着差异。

(3)将检验检测机构返回的结果与公议值比对,以表明各检验检测机构的能力和参加者整体的能力。

认可或法定机构或其他组织,在检测领域通常采用这类比对,所用的被测物品有食品、液体、水、土壤及其他环境物质。在某些情况下,被测物品是已建立的(有证)参考物质的分离部分。典型的检验检测机构间检测比对见图3-5。

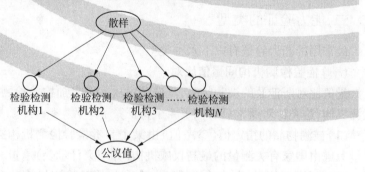

图3-5　典型的检验检测机构间检测比对

(三)分割样品检测比对

典型的分割样品检测比对数据,由包含少量检验检测机构的小组(通常只有两个检验检测机构)提供,这些检验检测机构将被作为潜在的或连续的检测服务提供者接受评价。在商业交易中经常采用这类比对或类似比对,把表示贸易商品的样品在代表供方的检验检测机构和代表需方的另一检验检测机构之间进行分割。若对供需双方检验检测机构出具结果的差异还须仲裁时,通常把另一个样品保留在第三方检验检测机构进行检测。

该检测比对包括把某种产品或材料的样品分成两份或几份,一般只有有限数量(通常是两个)的检验检测机构参加。此外,这类比对往往需要保留足够的材料,以便能通过其他检验检测机构的进一步分析来解决参加检验检测机构之间存在的差异。这类比对的用途包括识别不良的复现性或重复性,描述一次性偏移和验证纠正措施的有效性,以及用于监控临床检验检测机构和环境检验检测机构。参加该类比对的检验检测机构之一,可能因其采用标准方法和先进设备而被视为顾问检验检测机构或指导检验检测机构,其检验结果被认为是参考值。

(四)定性比对

评价检验检测机构的检测能力并不总是采用检验检测机构间比对,例如,某些比对是为了评价检验检测机构表征特定实物的能力(如识别石棉的类型、特定病原有机体等)。这类比对,可能包含比对协调者专门制备了额外目标组分的检测物品。因此,在性质上,这些比对是定性的,不需要多个检验检测机构参与比对。

(五)已知值比对

这是一种特殊的能力验证类型,不需要很多检验检测机构参加。它包括制备待测的、被测量值已知的检测物品,提供与指定值比对的数字结果等,以此来评价检验检测机构的检验检测能力。

(六)部分过程比对

这是能力验证的一种特殊类型,是指评价检验检测机构对检验检测全过程中的若干部分的检验检测能力。例如,可以验证检验检测机构转换给定数据的能力(而不是进行实际的校准或检测),或者验证抽样、制备样品等部分的能力。

三、能力验证的实施

(一)能力验证组织机构

国家认证认可监督管理委员会、中国合格评定国家认可委员会、各省级质量技术监督局、各直属出入境检验检疫局和有关行业主管部门、行业协会,都可以在一定范围组织开展能力验证工作。为规范我国的实验室能力验证工作,国家认监委于2006年3月发布了《实验室能力验证实施办法》(国家认监委2006年第9号公告)。该《办法》规定,国家认监委负责统一监管和综合协调能力验证活动。能力验证组织者应当按照国家认监委制定的实验室能力验证的基本规范和实施规则开展能力验证活动。

1. 国家认监委组织实施的能力验证

国家认监委成立后,针对一些社会热点问题,根据政府强力监管某些重点领域(比如食品)质量安全的需要,组织实施了一系列的能力验证活动。对于国家级产品质量监督检验中心、省级产品质量监督检验机构、各直属出入境检验检疫局的综合技术中心,只要认监委开展的能力验证项目属于其通过资质认定范围的,都必须参加,不需要交纳任何费用参加能力验证,对于其他行业检验检测机构和社会检验检测机构,自愿报名参加,需交纳一定费用。2005年,国家认监委组织实施了9个项目的能力验证活动,其中8个项目是食品检测项目,参加检验检测机构达950多家/次。2006年,国家认监委又布置了12

个项目的能力验证,其中10个是食品检测项目。国家认监委已经把每年组织开展能力验证工作所需经费纳入国家财政预算,每年国家财政给予一定经费支持。

2.中国合格评定国家认可委员会组织实施的能力验证

对于已获认可和申请认可的检验检测机构,合格评定认可委员会组织实施的能力验证活动是强制性的。检验检测机构可以书面形式申请暂不参加某一能力验证计划,但对于无故拒绝参加即没有提出暂不参加申请或申请未被认同的检验检测机构,认可机构将依据有关规定予以处理,直至暂停/撤销对该检验检测机构的资格认可,或建议委托部门予以处理。

申请认可的检验检测机构在获得认可之前,应至少参加一次与其主要认可项目相关的能力验证(如有适当的能力验证);已获认可的检验检测机构,应每4年至少参加一次与其主要认可项目相关的能力验证活动。若没有适当的能力验证计划,则在认可活动中,须对检验检测机构的主要认可项目实施测量审核。鼓励检验检测机构积极参加认可或法定机构承认的其他机构所组织的能力验证和比对,这些外部活动包括:

(1)ILAC框架下的其他区域实验认可合作组织、例如EA、IAAC。

(2)欧洲认可机构(EA)组织的能力验证。

(3)国际计量局/国际计量委员会(BIPM/CIPM)组织的国际比对。

(4)亚太计量规划组织(APMP)等区域计量组织(RMO)组织的国际比对。

(5)国际权威行业组织,例如ASTM、WHO等组织的能力验证活动等。

如果检验检测机构参加了上述所列之外的其他能力验证或比对,须将组织者实施能力验证活动详细信息提交认可或法定机构审查认同后,其结果方能应用。

检验检测机构参加中国合格评定国家认可委员会组织的能力验证,需向项目组织协调单位交纳一定费用。

(二)能力验证纠正活动

在能力验证活动中出现不满意结果(离群)的检验检测机构,须依照能力验证纠正活动的要求进行整改。能力验证纠正活动流程如图3-6所示。

(1)检验检测机构应尽快寻找和分析出现离群的原因,开展有效的整改活动(有效的整改活动应包含对质量管理体系相关要素的控制、技术能力等方面的分析,以及进行相关的试验和有效地利用反馈信息等全面的活动),并将详细的整改报告以书面形式,在规定期限内提交认可或法定机构审查。

(2)认可或法定机构有关部门会同有关技术专家,根据检验检测机构的整改报告,做出是否认同检验检测机构进行了有效整改的结论。若认同,将安排后续验证,对检验检测机构的整改情况加以确认;若发现检验检测机构的整改中依旧存在问题,则派遣核查组携带样品对该检验检测机构进行现场核查。在现场核查中,若发现检验检测机构仍存在影响检测量结果的严重问题,将建议暂停/撤销对该检验检测机构相关项目的认可。

(3)对于在限定期限内不提交整改报告而又无任何书面理由陈述的检验检测机构,将视其为拒绝接受整改,依据有关规定对其进行处理,直至暂停/撤销对该检验检测机构相关项目的认可。

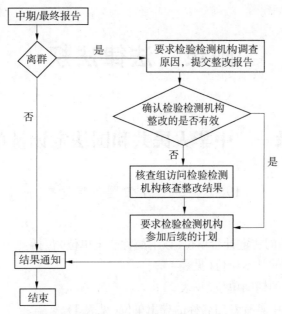

图3-6　能力验证纠正活动流程

(三)对能力验证的要求和评价

对申请认可的检验检测机构,在能力验证方面有以下3条基本要求:

(1)检验检测机构应有明确的职责,以确保参加能力验证。

(2)检验检测机构应有参加能力验证的文件化程序。

(3)检验检测机构应执行上述程序,并能够提供证明其参加了能力验证活动的记录,以及对结果的有效利用。必要时,还应提供出现不满意结果(离群)时所采取的纠正活动的证明资料。

在检验检测机构现场评审中,对能力验证的评价有以下3条原则:

(1)检验检测机构有明确的组织机构和职责保证参加能力验证,制定了完善的质量文件并按程序执行;能够证明其参加过程并对结果进行了有效评价、分析及反馈,则评为符合。

(2)检验检测机构规定了职能保证参加能力验证,制定了完善的质量文件,但没有完全按程序实施,没有相关的记录,则评为有缺陷。

(3)检验检测机构没有规定明确的职责,也没有制定参加能力验证的质量文件,则评为不符合项。

能力验证实际上是通过检验检测机构之间的比对来判定检验检测机构的检测能力,也可以说是为了确定检验检测机构是否具有胜任所从事检测的能力以及监控检验检测机构能力的持续性的目的而开展的活动。当然,能力验证也可为确定某种检测方法的有效性和可比性,识别检验检测机构间的差异,为标准物质赋值等其他目的提供信息。在水利系统的检验检测机构,为了对本单位的检测能力有一个准确的评价,常常在内部进行一系列的项目、参数的已知值的正规检测或人员培训、考核检测等,这一过程也称为内部的能力验证。

附录　法律法规

附录一　中华人民共和国法定计量单位

(1984 年 2 月 27 日国务院发布)

中华人民共和国的法定计量单位(以下简称法定单位)包括:
(1)国际单位制的基本单位(见表1);
(2)国际单位制的辅助单位(见表2);
(3)国际单位制中具有专门名称的导出单位(见表3);
(4)国家选定的非国际单位制单位(见表4);
(5)由以上单位构成的组合形成的单位;
(6)由词头和以上单位所构成的十进倍数和分数单位(词头见表5)。
法定单位的定义、使用方法等,由国家计量局另行规定。

表1　国际单位制的基本单位

量的名称	单位名称	单位符号
长度	米	m
质量	千克(公斤)	kg
时间	秒	s
电流	安[培]	A
热力学温度	开[尔文]	K
物质的量	摩[尔]	mol
发光强度	坎[德拉]	cd

表2　国际单位制的辅助单位

量的名称	单位名称	单位符号
平面角	弧度	rad
立体角	球面度	sr

表 3　国际单位制中具有专门名称的导出单位

量的名称	单位名称	单位符号	用 SI 基本单位表示
频率	赫[兹]	Hz	s^{-1}
力;重力	牛[顿]	N	$kg \cdot m/s^2$
压力;压强;应力	帕[斯卡]	Pa	N/m^2
能量;功;热	焦[耳]	J	$N \cdot m$
功率;辐射通量	瓦[特]	W	J/s
电荷量	库[仑]	C	$A \cdot s$
电压;电动势;电位	伏[特]	V	W/A
电容	法[拉]	F	C/V
电阻	欧[姆]	Ω	V/A
电导	西[门子]	S	A/V
磁通量	韦[伯]	Wb	$V \cdot s$
磁通量密度;磁感应强度	特[斯拉]	T	Wb/m^2
电感	亨[利]	H	Wb/A
摄氏温度	摄氏度	℃	
光通量	流[明]	lm	$cd \cdot sr$
光照度	勒[克斯]	lx	lm/m^2
放射性活度	贝可[勒尔]	Bq	s^{-1}
吸收剂量	戈[瑞]	Gy	J/kg
剂量当量	希[沃特]	Sv	J/kg

表 4　国家选定的非国际单位制单位

量的名称	单位名称	单位符号	换算关系和说明
时间	分	min	$1\ min = 60\ s$
	[小]时	h	$1\ h = 60\ min = 3\ 600\ s$
	天(日)	d	$1\ d = 24\ h = 86\ 400\ s$
平面角	[角]秒	(″)	$1'' = (\pi/648\ 000)\ rad$（π 为圆周率）
	[角]分	(′)	$1' = 60'' = (\pi/10\ 800)\ rad$
	度	(°)	$1° = 60' = (\pi/180)\ rad$
旋转速度	转每分	r/min	$1\ r/min = (1/60)\ s^{-1}$
长度	海里	n mile	$1\ n\ mile = 1\ 852\ m$（只用于航程）
速度	节	kn	$1\ kn = 1\ n\ mile/h = (1\ 852/3\ 600)\ m/s$（只用于航行）

续表4

量的名称	单位名称	单位符号	换算关系和说明
质量	吨 原子质量单位	t u	$1\ t = 10^3\ kg$ $1\ u \approx 1.660\ 565\ 5 \times 10^{-27}\ kg$
体积	升	L,(l)	$1\ L = 1\ dm^3 = 10^{-3}\ m^3$
能	电子伏	eV	$1\ eV \approx 1.602\ 189\ 2 \times 10^{-19}\ J$
级差	分贝	dB	
线密度	特[克斯]	tex	$1\ tex = 1\ g/km$
土地面积	公顷	hm^2	$1\ hm^2 = 10\ 000\ m^2$

表5　用于构成十进倍数和分数单位的词头

所表示的因数	词头名称	词头符号
10^{18}	艾[可萨]	E
10^{15}	拍[它]	P
10^{12}	太[拉]	T
10^{9}	吉[咖]	G
10^{6}	兆	M
10^{3}	千	k
10^{2}	百	h
10^{1}	十	da
10^{-1}	分	d
10^{-2}	厘	c
10^{-3}	毫	m
10^{-6}	微	μ
10^{-9}	纳[诺]	n
10^{-12}	皮[可]	p
10^{-15}	飞[母托]	f
10^{-18}	阿[托]	a

注:1.周、月、年(年的符号为a),为一般常用时间单位。

2.[　]内的字,是在不致混淆的情况下,可以省略的字。

3.(　)内的字为前者的同义语。

4.角度单位度、分、秒的符号不处于数字后时,用括号。

5.升的符号中,小写字母l为备用符号。

6.r为"转"的符号。

7.日常生活和贸易中,质量习惯称为重量。

8.公里为千米的俗称,符号为km。

9.10^4称为万,10^8称为亿,10^{12}称为万亿,这类数词的使用不受词头名称的影响,但不应与词头混淆。

附录二 中华人民共和国计量法

(1985年9月6日第六届全国人民代表大会常务委员会第十二次会议通过,中华人民共和国主席令第二十八号公布;根据2009年8月27日第十一届全国人民代表大会常务委员会第十次会议《关于修改部分法律的决定》第一次修正;根据2013年12月28日第十二届全国人民代表大会常务委员会第六次会议《关于修改〈中华人民共和国海洋环境保护法〉等七部法律的决定》第二次修正;根据2015年4月24日第十二届全国人民代表大会常务委员会第十四次会议《关于修改〈中华人民共和国计量法〉等五部法律的决定》第三次修正;根据2017年12月27日第十二届全国人民代表大会常务委员会第三十一次会议《关于修改〈中华人民共和国招标投标法〉、〈中华人民共和国计量法〉的决定》第四次修正;根据2018年10月26日第十三届全国人民代表大会常务委员会第六次会议《关于修改〈中华人民共和国野生动物保护法〉等十五部法律的决定》(中华人民共和国主席令第十六号公布实施)第五次修正)

第一章 总 则

第一条 为了加强计量监督管理,保障国家计量单位制的统一和量值的准确可靠,有利于生产、贸易和科学技术的发展,适应社会主义现代化建设的需要,维护国家、人民的利益,制定本法。

第二条 在中华人民共和国境内,建立计量基准器具、计量标准器具,进行计量检定,制造、修理、销售、使用计量器具,必须遵守本法。

第三条 国家实行法定计量单位制度。

国际单位制计量单位和国家选定的其他计量单位,为国家法定计量单位。国家法定计量单位的名称、符号由国务院公布。

因特殊需要采用非法定计量单位的管理办法,由国务院计量行政部门另行制定。

第四条 国务院计量行政部门对全国计量工作实施统一监督管理。

县级以上地方人民政府计量行政部门对本行政区域内的计量工作实施监督管理。

第二章 计量基准器具、计量标准器具和计量检定

第五条 国务院计量行政部门负责建立各种计量基准器具,作为统一全国量值的最高依据。

第六条 县级以上地方人民政府计量行政部门根据本地区的需要,建立社会公用计量标准器具,经上级人民政府计量行政部门主持考核合格后使用。

第七条 国务院有关主管部门和省、自治区、直辖市人民政府有关主管部门,根据本部门的特殊需要,可以建立本部门使用的计量标准器具,其各项最高计量标准器具经同级

人民政府计量行政部门主持考核合格后使用。

第八条 企业、事业单位根据需要,可以建立本单位使用的计量标准器具,其各项最高计量标准器具经有关人民政府计量行政部门主持考核合格后使用。

第九条 县级以上人民政府计量行政部门对社会公用计量标准器具,部门和企业、事业单位使用的最高计量标准器具,以及用于贸易结算、安全防护、医疗卫生、环境监测方面的列入强制检定目录的工作计量器具,实行强制检定。未按照规定申请检定或者检定不合格的,不得使用。实行强制检定的工作计量器具的目录和管理办法,由国务院制定。

对前款规定以外的其他计量标准器具和工作计量器具,使用单位应当自行定期检定或者送其他计量检定机构检定。

第十条 计量检定必须按照国家计量检定系统表进行。国家计量检定系统表由国务院计量行政部门制定。

计量检定必须执行计量检定规程。国家计量检定规程由国务院计量行政部门制定。没有国家计量检定规程的,由国务院有关主管部门和省、自治区、直辖市人民政府计量行政部门分别制定部门计量检定规程和地方计量检定规程。

第十一条 计量检定工作应当按照经济合理的原则,就地就近进行。

第三章 计量器具管理

第十二条 制造、修理计量器具的企业、事业单位,必须具有与所制造、修理的计量器具相适应的设施、人员和检定仪器设备。

第十三条 制造计量器具的企业、事业单位生产本单位未生产过的计量器具新产品,必须经省级以上人民政府计量行政部门对其样品的计量性能考核合格,方可投入生产。

第十四条 任何单位和个人不得违反规定制造、销售和进口非法定计量单位的计量器具。

第十五条 制造、修理计量器具的企业、事业单位必须对制造、修理的计量器具进行检定,保证产品计量性能合格,并对合格产品出具产品合格证。

第十六条 使用计量器具不得破坏其准确度,损害国家和消费者的利益。

第十七条 个体工商户可以制造、修理简易的计量器具。

个体工商户制造、修理计量器具的范围和管理办法,由国务院计量行政部门制定。

第四章 计量监督

第十八条 县级以上人民政府计量行政部门应当依法对制造、修理、销售、进口和使用计量器具,以及计量检定等相关计量活动进行监督检查。有关单位和个人不得拒绝、阻挠。

第十九条 县级以上人民政府计量行政部门,根据需要设置计量监督员。计量监督员管理办法,由国务院计量行政部门制定。

第二十条 县级以上人民政府计量行政部门可以根据需要设置计量检定机构,或者授权其他单位的计量检定机构,执行强制检定和其他检定、测试任务。

执行前款规定的检定、测试任务的人员,必须经考核合格。

第二十一条 处理因计量器具准确度所引起的纠纷,以国家计量基准器具或者社会公用计量标准器具检定的数据为准。

第二十二条 为社会提供公证数据的产品质量检验机构,必须经省级以上人民政府计量行政部门对其计量检定、测试的能力和可靠性考核合格。

第五章 法律责任

第二十三条 制造、销售未经考核合格的计量器具新产品的,责令停止制造、销售该种新产品,没收违法所得,可以并处罚款。

第二十四条 制造、修理、销售的计量器具不合格的,没收违法所得,可以并处罚款。

第二十五条 属于强制检定范围的计量器具,未按照规定申请检定或者检定不合格继续使用的,责令停止使用,可以并处罚款。

第二十六条 使用不合格的计量器具或者破坏计量器具准确度,给国家和消费者造成损失的,责令赔偿损失,没收计量器具和违法所得,可以并处罚款。

第二十七条 制造、销售、使用以欺骗消费者为目的的计量器具的,没收计量器具和违法所得,处以罚款;情节严重的,并对个人或者单位直接责任人员依照刑法有关规定追究刑事责任。

第二十八条 违反本法规定,制造、修理、销售的计量器具不合格,造成人身伤亡或者重大财产损失的,依照刑法有关规定,对个人或者单位直接责任人员追究刑事责任。

第二十九条 计量监督人员违法失职,情节严重的,依照刑法有关规定追究刑事责任;情节轻微的,给予行政处分。

第三十条 本法规定的行政处罚,由县级以上地方人民政府计量行政部门决定。

第三十一条 当事人对行政处罚决定不服的,可以在接到处罚通知之日起十五日内向人民法院起诉;对罚款、没收违法所得的行政处罚决定期满不起诉又不履行的,由作出行政处罚决定的机关申请人民法院强制执行。

第六章 附 则

第三十二条 中国人民解放军和国防科技工业系统计量工作的监督管理办法,由国务院、中央军事委员会依据本法另行制定。

第三十三条 国务院计量行政部门根据本法制定实施细则,报国务院批准施行。

第三十四条 本法自 1986 年 7 月 1 日起施行。

附录三　中华人民共和国标准化法

（1988 年 12 月 29 日第七届全国人民代表大会常务委员会第五次会议通过,中华人民共和国主席令第十一号公布;2017 年 11 月 4 日第十二届全国人民代表大会常务委员会第三十次会议修订通过,中华人民共和国主席令第七十八号公布,自 2018 年 1 月 1 日起施行)

第一章　总　则

第一条　为了加强标准化工作,提升产品和服务质量,促进科学技术进步,保障人身健康和生命财产安全,维护国家安全、生态环境安全,提高经济社会发展水平,制定本法。

第二条　本法所称标准(含标准样品),是指农业、工业、服务业以及社会事业等领域需要统一的技术要求。

标准包括国家标准、行业标准、地方标准和团体标准、企业标准。国家标准分为强制性标准、推荐性标准,行业标准、地方标准是推荐性标准。

强制性标准必须执行。国家鼓励采用推荐性标准。

第三条　标准化工作的任务是制定标准、组织实施标准以及对标准的制定、实施进行监督。

县级以上人民政府应当将标准化工作纳入本级国民经济和社会发展规划,将标准化工作经费纳入本级预算。

第四条　制定标准应当在科学技术研究成果和社会实践经验的基础上,深入调查论证,广泛征求意见,保证标准的科学性、规范性、时效性,提高标准质量。

第五条　国务院标准化行政主管部门统一管理全国标准化工作。国务院有关行政主管部门分工管理本部门、本行业的标准化工作。

县级以上地方人民政府标准化行政主管部门统一管理本行政区域内的标准化工作。县级以上地方人民政府有关行政主管部门分工管理本行政区域内本部门、本行业的标准化工作。

第六条　国务院建立标准化协调机制,统筹推进标准化重大改革,研究标准化重大政策,对跨部门跨领域、存在重大争议标准的制定和实施进行协调。

设区的市级以上地方人民政府可以根据工作需要建立标准化协调机制,统筹协调本行政区域内标准化工作重大事项。

第七条　国家鼓励企业、社会团体和教育、科研机构等开展或者参与标准化工作。

第八条　国家积极推动参与国际标准化活动,开展标准化对外合作与交流,参与制定国际标准,结合国情采用国际标准,推进中国标准与国外标准之间的转化运用。

国家鼓励企业、社会团体和教育、科研机构等参与国际标准化活动。

第九条　对在标准化工作中做出显著成绩的单位和个人,按照国家有关规定给予表彰和奖励。

第二章　标准的制定

第十条　对保障人身健康和生命财产安全、国家安全、生态环境安全以及满足经济社会管理基本需要的技术要求,应当制定强制性国家标准。

国务院有关行政主管部门依据职责负责强制性国家标准的项目提出、组织起草、征求意见和技术审查。国务院标准化行政主管部门负责强制性国家标准的立项、编号和对外通报。国务院标准化行政主管部门应当对拟制定的强制性国家标准是否符合前款规定进行立项审查,对符合前款规定的予以立项。

省、自治区、直辖市人民政府标准化行政主管部门可以向国务院标准化行政主管部门提出强制性国家标准的立项建议,由国务院标准化行政主管部门会同国务院有关行政主管部门决定。社会团体、企业事业组织以及公民可以向国务院标准化行政主管部门提出强制性国家标准的立项建议,国务院标准化行政主管部门认为需要立项的,会同国务院有关行政主管部门决定。

强制性国家标准由国务院批准发布或者授权批准发布。

法律、行政法规和国务院决定对强制性标准的制定另有规定的,从其规定。

第十一条　对满足基础通用、与强制性国家标准配套、对各有关行业起引领作用等需要的技术要求,可以制定推荐性国家标准。

推荐性国家标准由国务院标准化行政主管部门制定。

第十二条　对没有推荐性国家标准、需要在全国某个行业范围内统一的技术要求,可以制定行业标准。

行业标准由国务院有关行政主管部门制定,报国务院标准化行政主管部门备案。

第十三条　为满足地方自然条件、风俗习惯等特殊技术要求,可以制定地方标准。

地方标准由省、自治区、直辖市人民政府标准化行政主管部门制定;设区的市级人民政府标准化行政主管部门根据本行政区域的特殊需要,经所在地省、自治区、直辖市人民政府标准化行政主管部门批准,可以制定本行政区域的地方标准。地方标准由省、自治区、直辖市人民政府标准化行政主管部门报国务院标准化行政主管部门备案,由国务院标准化行政主管部门通报国务院有关行政主管部门。

第十四条　对保障人身健康和生命财产安全、国家安全、生态环境安全以及经济社会发展所急需的标准项目,制定标准的行政主管部门应当优先立项并及时完成。

第十五条　制定强制性标准、推荐性标准,应当在立项时对有关行政主管部门、企业、社会团体、消费者和教育、科研机构等方面的实际需求进行调查,对制定标准的必要性、可行性进行论证评估;在制定过程中,应当按照便捷有效的原则采取多种方式征求意见,组织对标准相关事项进行调查分析、实验、论证,并做到有关标准之间的协调配套。

第十六条　制定推荐性标准,应当组织由相关方组成的标准化技术委员会,承担标准的起草、技术审查工作。制定强制性标准,可以委托相关标准化技术委员会承担标准的起草、技术审查工作。未组成标准化技术委员会的,应当成立专家组承担相关标准的起草、技术审查工作。标准化技术委员会和专家组的组成应当具有广泛代表性。

第十七条　强制性标准文本应当免费向社会公开。国家推动免费向社会公开推荐性标准文本。

第十八条 国家鼓励学会、协会、商会、联合会、产业技术联盟等社会团体协调相关市场主体共同制定满足市场和创新需要的团体标准,由本团体成员约定采用或者按照本团体的规定供社会自愿采用。

制定团体标准,应当遵循开放、透明、公平的原则,保证各参与主体获取相关信息,反映各参与主体的共同需求,并应当组织对标准相关事项进行调查分析、实验、论证。

国务院标准化行政主管部门会同国务院有关行政主管部门对团体标准的制定进行规范、引导和监督。

第十九条 企业可以根据需要自行制定企业标准,或者与其他企业联合制定企业标准。

第二十条 国家支持在重要行业、战略性新兴产业、关键共性技术等领域利用自主创新技术制定团体标准、企业标准。

第二十一条 推荐性国家标准、行业标准、地方标准、团体标准、企业标准的技术要求不得低于强制性国家标准的相关技术要求。

国家鼓励社会团体、企业制定高于推荐性标准相关技术要求的团体标准、企业标准。

第二十二条 制定标准应当有利于科学合理利用资源,推广科学技术成果,增强产品的安全性、通用性、可替换性,提高经济效益、社会效益、生态效益,做到技术上先进、经济上合理。

禁止利用标准实施妨碍商品、服务自由流通等排除、限制市场竞争的行为。

第二十三条 国家推进标准化军民融合和资源共享,提升军民标准通用化水平,积极推动在国防和军队建设中采用先进适用的民用标准,并将先进适用的军用标准转化为民用标准。

第二十四条 标准应当按照编号规则进行编号。标准的编号规则由国务院标准化行政主管部门制定并公布。

第三章 标准的实施

第二十五条 不符合强制性标准的产品、服务,不得生产、销售、进口或者提供。

第二十六条 出口产品、服务的技术要求,按照合同的约定执行。

第二十七条 国家实行团体标准、企业标准自我声明公开和监督制度。企业应当公开其执行的强制性标准、推荐性标准、团体标准或者企业标准的编号和名称;企业执行自行制定的企业标准的,还应当公开产品、服务的功能指标和产品的性能指标。国家鼓励团体标准、企业标准通过标准信息公共服务平台向社会公开。

企业应当按照标准组织生产经营活动,其生产的产品、提供的服务应当符合企业公开标准的技术要求。

第二十八条 企业研制新产品、改进产品,进行技术改造,应当符合本法规定的标准化要求。

第二十九条 国家建立强制性标准实施情况统计分析报告制度。

国务院标准化行政主管部门和国务院有关行政主管部门、设区的市级以上地方人民政府标准化行政主管部门应当建立标准实施信息反馈和评估机制,根据反馈和评估情况对其制定的标准进行复审。标准的复审周期一般不超过五年。经过复审,对不适应经济社会发展需要和技术进步的应当及时修订或者废止。

第三十条　国务院标准化行政主管部门根据标准实施信息反馈、评估、复审情况,对有关标准之间重复交叉或者不衔接配套的,应当会同国务院有关行政主管部门作出处理或者通过国务院标准化协调机制处理。

第三十一条　县级以上人民政府应当支持开展标准化试点示范和宣传工作,传播标准化理念,推广标准化经验,推动全社会运用标准化方式组织生产、经营、管理和服务,发挥标准对促进转型升级、引领创新驱动的支撑作用。

第四章　监督管理

第三十二条　县级以上人民政府标准化行政主管部门、有关行政主管部门依据法定职责,对标准的制定进行指导和监督,对标准的实施进行监督检查。

第三十三条　国务院有关行政主管部门在标准制定、实施过程中出现争议的,由国务院标准化行政主管部门组织协商;协商不成的,由国务院标准化协调机制解决。

第三十四条　国务院有关行政主管部门、设区的市级以上地方人民政府标准化行政主管部门未依照本法规定对标准进行编号、复审或者备案的,国务院标准化行政主管部门应当要求其说明情况,并限期改正。

第三十五条　任何单位或者个人有权向标准化行政主管部门、有关行政主管部门举报、投诉违反本法规定的行为。

标准化行政主管部门、有关行政主管部门应当向社会公开受理举报、投诉的电话、信箱或者电子邮件地址,并安排人员受理举报、投诉。对实名举报人或者投诉人,受理举报、投诉的行政主管部门应当告知处理结果,为举报人保密,并按照国家有关规定对举报人给予奖励。

第五章　法律责任

第三十六条　生产、销售、进口产品或者提供服务不符合强制性标准,或者企业生产的产品、提供的服务不符合其公开标准的技术要求的,依法承担民事责任。

第三十七条　生产、销售、进口产品或者提供服务不符合强制性标准的,依照《中华人民共和国产品质量法》、《中华人民共和国进出口商品检验法》、《中华人民共和国消费者权益保护法》等法律、行政法规的规定查处,记入信用记录,并依照有关法律、行政法规的规定予以公示;构成犯罪的,依法追究刑事责任。

第三十八条　企业未依照本法规定公开其执行的标准的,由标准化行政主管部门责令限期改正;逾期不改正的,在标准信息公共服务平台上公示。

第三十九条　国务院有关行政主管部门、设区的市级以上地方人民政府标准化行政主管部门制定的标准不符合本法第二十一条第一款、第二十二条第一款规定的,应当及时改正;拒不改正的,由国务院标准化行政主管部门公告废止相关标准;对负有责任的领导人员和直接责任人员依法给予处分。

社会团体、企业制定的标准不符合本法第二十一条第一款、第二十二条第一款规定的,由标准化行政主管部门责令限期改正;逾期不改正的,由省级以上人民政府标准化行政主管部门废止相关标准,并在标准信息公共服务平台上公示。

违反本法第二十二条第二款规定,利用标准实施排除、限制市场竞争行为的,依照《中华人民共和国反垄断法》等法律、行政法规的规定处理。

第四十条 国务院有关行政主管部门、设区的市级以上地方人民政府标准化行政主管部门未依照本法规定对标准进行编号或者备案,又未依照本法第三十四条的规定改正的,由国务院标准化行政主管部门撤销相关标准编号或者公告废止未备案标准;对负有责任的领导人员和直接责任人员依法给予处分。

国务院有关行政主管部门、设区的市级以上地方人民政府标准化行政主管部门未依照本法规定对其制定的标准进行复审,又未依照本法第三十四条的规定改正的,对负有责任的领导人员和直接责任人员依法给予处分。

第四十一条 国务院标准化行政主管部门未依照本法第十条第二款规定对制定强制性国家标准的项目予以立项,制定的标准不符合本法第二十一条第一款、第二十二条第一款规定,或者未依照本法规定对标准进行编号、复审或者予以备案的,应当及时改正;对负有责任的领导人员和直接责任人员可以依法给予处分。

第四十二条 社会团体、企业未依照本法规定对团体标准或者企业标准进行编号的,由标准化行政主管部门责令限期改正;逾期不改正的,由省级以上人民政府标准化行政主管部门撤销相关标准编号,并在标准信息公共服务平台上公示。

第四十三条 标准化工作的监督、管理人员滥用职权、玩忽职守、徇私舞弊的,依法给予处分;构成犯罪的,依法追究刑事责任。

第六章 附 则

第四十四条 军用标准的制定、实施和监督办法,由国务院、中央军事委员会另行制定。

第四十五条 本法自 2018 年 1 月 1 日起施行。

附录四　中华人民共和国标准化法实施条例

（国务院 1990 年 4 月颁布）

第一章　总　则

第一条　根据《中华人民共和国标准化法》（以下简称《标准化法》）的规定,制定本条例。

第二条　对下列需要统一的技术要求,应当制定标准:

（一）工业产品的品种、规格、质量、等级或者安全、卫生要求;

（二）工业产品的设计、生产、试验、检验、包装、储存、运输、使用的方法或者生产、储存、运输过程中的安全、卫生要求;

（三）有关环境保护的各项技术要求和检验方法;

（四）建设工程的勘察、设计、施工、验收的技术要求和方法;

（五）有关工业生产、工程建设和环境保护的技术术语、符号、代号、制图方法、互换配合要求;

（六）农业（含林业、牧业、渔业,下同）产品（含种子、种苗、种畜、种禽,下同）的品种、规格、质量、等级、检验、包装、储存、运输以及生产技术、管理技术的要求;

（七）信息、能源、资源、交通运输的技术要求。

第三条　国家有计划地发展标准化事业。标准化工作应当纳入各级国民经济和社会发展计划。

第四条　国家鼓励采用国际标准和国外先进标准,积极参与制定国际标准。

第二章　标准化工作的管理

第五条　标准化工作的任务是制定标准、组织实施标准和对标准的实施进行监督。

第六条　国务院标准化行政主管部门统一管理全国标准化工作,履行下列职责:

（一）组织贯彻国家有关标准化工作的法律、法规、方针、政策;

（二）组织制定全国标准化工作规划、计划;

（三）组织制定国家标准;

（四）指导国务院有关行政主管部门和省、自治区、直辖市人民政府标准化行政主管部门的标准化工作,协调和处理有关标准化工作问题;

（五）组织实施标准;

（六）对标准的实施情况进行监督检查;

（七）统一管理全国的产品质量认证工作;

（八）统一负责对有关国际标准化组织的业务联系。

第七条　国务院有关行政主管部门分工管理本部门、本行业的标准化工作,履行下列

职责:

（一）贯彻国家标准化工作的法律、法规、方针、政策,并制定在本部门、本行业实施的具体办法;

（二）制定本部门、本行业的标准化工作规划、计划;

（三）承担国家下达的草拟国家标准的任务,组织制定行业标准;

（四）指导省、自治区、直辖市有关行政主管部门的标准化工作;

（五）组织本部门、本行业实施标准;

（六）对标准实施情况进行监督检查;

（七）经国务院标准化行政主管部门授权,分工管理本行业的产品质量认证工作。

第八条　省、自治区、直辖市人民政府标准化行政主管部门统一管理本行政区域的标准化工作,履行下列职责:

（一）贯彻国家标准化工作的法律、法规、方针、政策,并制定在本行政区域实施的具体办法;

（二）制定地方标准化工作规划、计划;

（三）组织制定地方标准;

（四）指导本行政区域有关行政主管部门的标准化工作,协调和处理有关标准化工作问题;

（五）在本行政区域组织实施标准;

（六）对标准实施情况进行监督检查。

第九条　省、自治区、直辖市有关行政主管部门分工管理本行政区域内本部门、本行业的标准化工作,履行下列职责:

（一）贯彻国家和本部门、本行业、本行政区域标准化工作的法律、法规、方针、政策,并制定实施的具体办法;

（二）制定本行政区域内本部门、本行业的标准化工作规划、计划;

（三）承担省、自治区、直辖市人民政府下达的草拟地方标准的任务;

（四）在本行政区域内组织本部门、本行业实施标准;

（五）对标准实施情况进行监督检查。

第十条　市、县标准化行政主管部门和有关行政主管部门的职责分工,由省、自治区、直辖市人民政府规定。

第三章　标准的制定

第十一条　对需要在全国范围内统一的下列技术要求,应当制定国家标准(含标准样品的制作):

（一）互换配合、通用技术语言要求;

（二）保障人体健康和人身、财产安全的技术要求;

（三）基本原料、燃料、材料的技术要求;

（四）通用基础件的技术要求;

（五）通用的试验、检验方法;

（六）通用的管理技术要求；

（七）工程建设的重要技术要求；

（八）国家需要控制的其他重要产品的技术要求。

第十二条 国家标准由国务院标准化行政主管部门编制计划，组织草拟，统一审批、编号、发布。

工程建设、药品、食品卫生、兽药、环境保护的国家标准，分别由国务院工程建设主管部门、卫生主管部门、农业主管部门、环境保护主管部门组织草拟、审批；其编号、发布办法由国务院标准化行政主管部门会同国务院有关行政主管部门制定。

法律对国家标准的制定另有规定的，依照法律的规定执行。

第十三条 对没有国家标准而又需要在全国某个行业范围内统一的技术要求，可以制定行业标准（含标准样品的制作）。制定行业标准的项目由国务院有关行政主管部门确定。

第十四条 行业标准由国务院有关行政主管部门编制计划，组织草拟，统一审批、编号、发布，并报国务院标准化行政主管部门备案。

行业标准在相应的国家标准实施后，自行废止。

第十五条 对没有国家标准和行业标准而又需要在省、自治区、直辖市范围内统一的工业产品的安全、卫生要求，可以制定地方标准。制定地方标准的项目，由省、自治区、直辖市人民政府标准化行政主管部门确定。

第十六条 地方标准由省、自治区、直辖市人民政府标准化行政主管部门编制计划，组织草拟，统一审批、编号、发布，并报国务院标准化行政主管部门和国务院有关行政主管部门备案。

法律对地方标准的制定另有规定的，依照法律的规定执行。

地方标准在相应的国家标准或行业标准实施后，自行废止。

第十七条 企业生产的产品没有国家标准、行业标准和地方标准的，应当制定相应的企业标准，作为组织生产的依据。企业标准由企业组织制定（农业企业标准制定办法另定），并按省、自治区、直辖市人民政府的规定备案。

对已有国家标准、行业标准或者地方标准的，鼓励企业制定严于国家标准、行业标准或者地方标准要求的企业标准，在企业内部适用。

第十八条 国家标准、行业标准分为强制性标准和推荐性标准。

下列标准属于强制性标准：

（一）药品标准，食品卫生标准，兽药标准；

（二）产品及产品生产、储运和使用中的安全、卫生标准，劳动安全、卫生标准，运输安全标准；

（三）工程建设的质量、安全、卫生标准及国家需要控制的其他工程建设标准；

（四）环境保护的污染物排放标准和环境质量标准；

（五）重要的通用技术术语、符号、代号和制图方法；

（六）通用的试验、检验方法标准；

（七）互换配合标准；

（八）国家需要控制的重要产品质量标准。

国家需要控制的重要产品目录由国务院标准化行政主管部门会同国务院有关行政主管部门确定。

强制性标准以外的标准是推荐性标准。

省、自治区、直辖市人民政府标准化行政主管部门制定的工业产品的安全、卫生要求的地方标准，在本行政区域内是强制性标准。

第十九条 制定标准应当发挥行业协会、科学技术研究机构和学术团体的作用。

制定国家标准、行业标准和地方标准的部门应当组织由用户、生产单位、行业协会、科学技术研究机构、学术团体及有关部门的专家组成标准化技术委员会，负责标准草拟和参加标准草案的技术审查工作。未组成标准化技术委员会的，可以由标准化技术归口单位负责标准草拟和参加标准草案的技术审查工作。

制定企业标准应当充分听取使用单位、科学技术研究机构的意见。

第二十条 标准实施后，制定标准的部门应当根据科学技术的发展和经济建设的需要适时进行复审。标准复审周期一般不超过五年。

第二十一条 国家标准、行业标准和地方标准的代号、编号办法，由国务院标准化行政主管部门统一规定。

企业标准的代号、编号方法，由国务院标准化行政主管部门会同国务院有关行政主管部门规定。

第二十二条 标准的出版、发行办法，由制定标准的部门规定。

第四章 标准的实施与监督

第二十三条 从事科研、生产、经营的单位和个人，必须严格执行强制性标准。不符合强制性标准的产品，禁止生产、销售和进口。

第二十四条 企业生产执行国家标准、行业标准、地方标准或企业标准，应当在产品或其说明书、包装物上标注所执行标准的代号、编号、名称。

第二十五条 出口产品的技术要求由合同双方约定。

出口产品在国内销售时，属于我国强制性标准管理范围的，必须符合强制性标准的要求。

第二十六条 企业研制新产品、改进产品、进行技术改造，应当符合标准化要求。

第二十七条 国务院标准化行政主管部门组织或授权国务院有关行政主管部门建立行业认证机构，进行产品质量认证工作。

第二十八条 国务院标准化行政主管部门统一负责全国标准实施的监督。国务院有关行政主管部门分工负责本部门、本行业的标准实施的监督。

省、自治区、直辖市标准化行政主管部门统一负责本行政区域内的标准实施的监督。省、自治区、直辖市人民政府有关行政主管部门分工负责本行政区域内本部门、本行业的标准实施的监督。

市、县标准化行政主管部门和有关行政主管部门，按照省、自治区、直辖市人民政府规定的各自的职责，负责本行政区域内的标准实施的监督。

第二十九条 县级以上人民政府标准化行政主管部门,可以根据需要设置检验机构,或者授权其他单位的检验机构,对产品是否符合标准进行检验和承担其他标准实施的监督检验任务。检验机构的设置应当合理布局,充分利用现有力量。

国家检验机构由国务院标准化行政主管部门会同国务院有关行政主管部门规划、审查。地方检验机构由省、自治区、直辖市人民政府标准化行政主管部门会同省级有关行政主管部门规划、审查。

处理有关产品是否符合标准的争议,以本条规定的检验机构的检验数据为准。

第三十条 国务院有关行政主管部门可以根据需要和国家有关规定设立检验机构,负责本行业、本部门的检验工作。

第三十一条 国家机关、社会团体、企业事业单位及全体公民均有权检举、揭发违反强制性标准的行为。

第五章 法律责任

第三十二条 违反《标准化法》和本条例有关规定,有下列情形之一的,由标准化行政主管部门或有关行政主管部门在各自的职权范围内责令限期改进,并可通报批评或给予责任者行政处分:

(一)企业未按规定制定标准作为组织生产依据的;

(二)企业未按规定要求将产品标准上报备案的;

(三)企业的产品未按规定附有标识或与其标识不符的;

(四)企业研制新产品、改进产品、进行技术改造,不符合标准化要求的;

(五)科研、设计、生产中违反有关强制性标准规定的。

第三十三条 生产不符合强制性标准的产品的,应当责令其停止生产,并没收产品,监督销毁或作必要技术处理;处以该批产品货值金额百分之二十至百分之五十的罚款;对有关责任者处以五千元以下罚款。

销售不符合强制性标准的商品的,应当责令其停止销售,并限期追回已售出的商品,监督销毁或作必要技术处理;没收违法所得;处以该批商品货值金额百分之十至百分之二十的罚款;对有关责任者处以五千元以下罚款。

进口不符合强制性标准的产品的,应当封存并没收该产品,监督销毁或作必要技术处理;处以进口产品货值金额百分之二十至百分之五十的罚款;对有关责任者给予行政处分,并可处以五千元以下罚款。

本条规定的责令停止生产、行政处分,由有关行政主管部门决定;其他行政处罚由标准化行政主管部门和工商行政管理部门依据职权决定。

第三十四条 生产、销售、进口不符合强制性标准的产品,造成严重后果,构成犯罪的,由司法机关依法追究直接责任人员的刑事责任。

第三十五条 获得认证证书的产品不符合认证标准而使用认证标志出厂销售的,由标准化行政主管部门责令其停止销售,并处以违法所得二倍以下的罚款;情节严重的,由认证部门撤销其认证证书。

第三十六条 产品未经认证或者认证不合格而擅自使用认证标志出厂销售的,由标准化行政主管部门责令其停止销售，处以违法所得三倍以下的罚款，并对单位负责人处以五千元以下罚款。

第三十七条 当事人对没收产品、没收违法所得和罚款的处罚不服的，可以在接到处罚通知之日起十五日内，向作出处罚决定的机关的上一级机关申请复议；对复议决定不服的，可以在接到复议决定之日起十五日内，向人民法院起诉。当事人也可以在接到处罚通知之日起十五日内，直接向人民法院起诉。当事人逾期不申请复议或者不向人民法院起诉又不履行处罚决定的，由作出处罚决定的机关申请人民法院强制执行。

第三十八条 本条例第三十二条至第三十六条规定的处罚不免除由此产生的对他人的损害赔偿责任。受到损害的有权要求责任人赔偿损失。赔偿责任和赔偿金额纠纷可以由有关行政主管部门处理，当事人也可以直接向人民法院起诉。

第三十九条 标准化工作的监督、检验、管理人员有下列行为之一的，由有关主管部门给予行政处分，构成犯罪的，由司法机关依法追究刑事责任：

（一）违反本条例规定，工作失误，造成损失的；

（二）伪造、篡改检验数据的；

（三）徇私舞弊、滥用职权、索贿受贿的。

第四十条 罚没收入全部上缴财政。对单位的罚款，一律从其自有资金中支付，不得列入成本。对责任人的罚款，不得从公款中核销。

第六章 附 则

第四十一条 军用标准化管理条例，由国务院、中央军委另行制定。

第四十二条 工程建设标准化管理规定，由国务院工程建设主管部门依据《标准化法》和本条例的有关规定另行制定，报国务院批准后实施。

第四十三条 本条例由国家技术监督局负责解释。

第四十四条 本条例自发布之日起施行。

附录五　中华人民共和国产品质量法

（1993 年 2 月 22 日第七届全国人民代表大会常务委员会第三十次会议通过，中华人民共和国主席令第七十号公布；根据 2000 年 7 月 8 日第九届全国人民代表大会常务委员会第十六次会议《关于修改〈中华人民共和国产品质量法〉的决定》第一次修正，根据 2009 年 8 月 27 日第十一届全国人民代表大会常务委员会第十次会议《关于修改部分法律的决定》第二次修正，根据 2018 年 12 月 29 日第十三届全国人民代表大会常务委员会第七次会议《关于修改〈中华人民共和国产品质量法〉等五部法律的决定》第三次修正，中华人民共和国主席令第二十二号公布实施）

第一章　总　则

第一条　为了加强对产品质量的监督管理，提高产品质量水平，明确产品质量责任，保护消费者的合法权益，维护社会经济秩序，制定本法。

第二条　在中华人民共和国境内从事产品生产、销售活动，必须遵守本法。

本法所称产品是指经过加工、制作，用于销售的产品。

建设工程不适用本法规定；但是，建设工程使用的建筑材料、建筑构配件和设备，属于前款规定的产品范围的，适用本法规定。

第三条　生产者、销售者应当建立健全内部产品质量管理制度，严格实施岗位质量规范、质量责任以及相应的考核办法。

第四条　生产者、销售者依照本法规定承担产品质量责任。

第五条　禁止伪造或者冒用认证标志等质量标志；禁止伪造产品的产地，伪造或者冒用他人的厂名、厂址；禁止在生产、销售的产品中掺杂、掺假，以假充真，以次充好。

第六条　国家鼓励推行科学的质量管理方法，采用先进的科学技术，鼓励企业产品质量达到并且超过行业标准、国家标准和国际标准。

对产品质量管理先进和产品质量达到国际先进水平、成绩显著的单位和个人，给予奖励。

第七条　各级人民政府应当把提高产品质量纳入国民经济和社会发展规划，加强对产品质量工作的统筹规划和组织领导，引导、督促生产者、销售者加强产品质量管理，提高产品质量，组织各有关部门依法采取措施，制止产品生产、销售中违反本法规定的行为，保障本法的施行。

第八条　国务院市场监督管理部门主管全国产品质量监督工作。国务院有关部门在各自的职责范围内负责产品质量监督工作。

县级以上地方市场监督管理部门主管本行政区域内的产品质量监督工作。县级以上地方人民政府有关部门在各自的职责范围内负责产品质量监督工作。

法律对产品质量的监督部门另有规定的，依照有关法律的规定执行。

第九条　各级人民政府工作人员和其他国家机关工作人员不得滥用职权、玩忽职守或者徇私舞弊,包庇、放纵本地区、本系统发生的产品生产、销售中违反本法规定的行为,或者阻挠、干预依法对产品生产、销售中违反本法规定的行为进行查处。

各级地方人民政府和其他国家机关有包庇、放纵产品生产、销售中违反本法规定的行为的,依法追究其主要负责人的法律责任。

第十条　任何单位和个人有权对违反本法规定的行为,向市场监督管理部门或者其他有关部门检举。

市场监督管理部门和有关部门应当为检举人保密,并按照省、自治区、直辖市人民政府的规定给予奖励。

第十一条　任何单位和个人不得排斥非本地区或者非本系统企业生产的质量合格产品进入本地区、本系统。

第二章　产品质量的监督

第十二条　产品质量应当检验合格,不得以不合格产品冒充合格产品。

第十三条　可能危及人体健康和人身、财产安全的工业产品,必须符合保障人体健康和人身、财产安全的国家标准、行业标准;未制定国家标准、行业标准的,必须符合保障人体健康和人身、财产安全的要求。

禁止生产、销售不符合保障人体健康和人身、财产安全的标准和要求的工业产品。具体管理办法由国务院规定。

第十四条　国家根据国际通用的质量管理标准,推行企业质量体系认证制度。企业根据自愿原则可以向国务院市场监督管理部门认可的或者国务院市场监督管理部门授权的部门认可的认证机构申请企业质量体系认证。经认证合格的,由认证机构颁发企业质量体系认证证书。

国家参照国际先进的产品标准和技术要求,推行产品质量认证制度。企业根据自愿原则可以向国务院市场监督管理部门认可的或者国务院市场监督管理部门授权的部门认可的认证机构申请产品质量认证。经认证合格的,由认证机构颁发产品质量认证证书,准许企业在产品或者其包装上使用产品质量认证标志。

第十五条　国家对产品质量实行以抽查为主要方式的监督检查制度,对可能危及人体健康和人身、财产安全的产品,影响国计民生的重要工业产品以及消费者、有关组织反映有质量问题的产品进行抽查。抽查的样品应当在市场上或者企业成品仓库内的待销产品中随机抽取。监督抽查工作由国务院市场监督管理部门规划和组织。县级以上地方市场监督管理部门在本行政区域内也可以组织监督抽查。法律对产品质量的监督检查另有规定的,依照有关法律的规定执行。

国家监督抽查的产品,地方不得另行重复抽查;上级监督抽查的产品,下级不得另行重复抽查。

根据监督抽查的需要,可以对产品进行检验。检验抽取样品的数量不得超过检验的合理需要,并不得向被检查人收取检验费用。监督抽查所需检验费用按照国务院规定列支。

生产者、销售者对抽查检验的结果有异议的,可以自收到检验结果之日起十五日内向实施监督抽查的市场监督管理部门或者其上级市场监督管理部门申请复检,由受理复检的市场监督管理部门作出复检结论。

第十六条 对依法进行的产品质量监督检查,生产者、销售者不得拒绝。

第十七条 依照本法规定进行监督抽查的产品质量不合格的,由实施监督抽查的市场监督管理部门责令其生产者、销售者限期改正。逾期不改正的,由省级以上人民政府市场监督管理部门予以公告;公告后经复查仍不合格的,责令停业,限期整顿;整顿期满后经复查产品质量仍不合格的,吊销营业执照。

监督抽查的产品有严重质量问题的,依照本法第五章的有关规定处罚。

第十八条 县级以上市场监督管理部门根据已经取得的违法嫌疑证据或者举报,对涉嫌违反本法规定的行为进行查处时,可以行使下列职权:

(一)对当事人涉嫌从事违反本法的生产、销售活动的场所实施现场检查;

(二)向当事人的法定代表人、主要负责人和其他有关人员调查、了解与涉嫌从事违反本法的生产、销售活动有关的情况;

(三)查阅、复制当事人有关的合同、发票、账簿以及其他有关资料;

(四)对有根据认为不符合保障人体健康和人身、财产安全的国家标准、行业标准的产品或者有其他严重质量问题的产品,以及直接用于生产、销售该项产品的原辅材料、包装物、生产工具,予以查封或者扣押。

第十九条 产品质量检验机构必须具备相应的检测条件和能力,经省级以上人民政府市场监督管理部门或者其授权的部门考核合格后,方可承担产品质量检验工作。法律、行政法规对产品质量检验机构另有规定的,依照有关法律、行政法规的规定执行。

第二十条 从事产品质量检验、认证的社会中介机构必须依法设立,不得与行政机关和其他国家机关存在隶属关系或者其他利益关系。

第二十一条 产品质量检验机构、认证机构必须依法按照有关标准,客观、公正地出具检验结果或者认证证明。

产品质量认证机构应当依照国家规定对准许使用认证标志的产品进行认证后的跟踪检查;对不符合认证标准而使用认证标志的,要求其改正;情节严重的,取消其使用认证标志的资格。

第二十二条 消费者有权就产品质量问题,向产品的生产者、销售者查询;向市场监督管理部门及有关部门申诉,接受申诉的部门应当负责处理。

第二十三条 保护消费者权益的社会组织可以就消费者反映的产品质量问题建议有关部门负责处理,支持消费者对因产品质量造成的损害向人民法院起诉。

第二十四条 国务院和省、自治区、直辖市人民政府的市场监督管理部门应当定期发布其监督抽查的产品的质量状况公告。

第二十五条 市场监督管理部门或者其他国家机关以及产品质量检验机构不得向社会推荐生产者的产品;不得以对产品进行监制、监销等方式参与产品经营活动。

第三章　生产者、销售者的产品质量责任和义务

第一节　生产者的产品质量责任和义务

第二十六条　生产者应当对其生产的产品质量负责。

产品质量应当符合下列要求：

（一）不存在危及人身、财产安全的不合理的危险，有保障人体健康和人身、财产安全的国家标准、行业标准的，应当符合该标准；

（二）具备产品应当具备的使用性能，但是，对产品存在使用性能的瑕疵作出说明的除外；

（三）符合在产品或者其包装上注明采用的产品标准，符合以产品说明、实物样品等方式表明的质量状况。

第二十七条　产品或者其包装上的标识必须真实，并符合下列要求：

（一）有产品质量检验合格证明；

（二）有中文标明的产品名称、生产厂厂名和厂址；

（三）根据产品的特点和使用要求，需要标明产品规格、等级、所含主要成份的名称和含量的，用中文相应予以标明；需要事先让消费者知晓的，应当在外包装上标明，或者预先向消费者提供有关资料；

（四）限期使用的产品，应当在显著位置清晰地标明生产日期和安全使用期或者失效日期；

（五）使用不当，容易造成产品本身损坏或者可能危及人身、财产安全的产品，应当有警示标志或者中文警示说明。

裸装的食品和其他根据产品的特点难以附加标识的裸装产品，可以不附加产品标识。

第二十八条　易碎、易燃、易爆、有毒、有腐蚀性、有放射性等危险物品以及储运中不能倒置和其他有特殊要求的产品，其包装质量必须符合相应要求，依照国家有关规定作出警示标志或者中文警示说明，标明储运注意事项。

第二十九条　生产者不得生产国家明令淘汰的产品。

第三十条　生产者不得伪造产地，不得伪造或者冒用他人的厂名、厂址。

第三十一条　生产者不得伪造或者冒用认证标志等质量标志。

第三十二条　生产者生产产品，不得掺杂、掺假，不得以假充真、以次充好，不得以不合格产品冒充合格产品。

第二节　销售者的产品质量责任和义务

第三十三条　销售者应当建立并执行进货检查验收制度，验明产品合格证明和其他标识。

第三十四条　销售者应当采取措施，保持销售产品的质量。

第三十五条　销售者不得销售国家明令淘汰并停止销售的产品和失效、变质的产品。

第三十六条　销售者销售的产品的标识应当符合本法第二十七条的规定。

第三十七条　销售者不得伪造产地，不得伪造或者冒用他人的厂名、厂址。

第三十八条　销售者不得伪造或者冒用认证标志等质量标志。

第三十九条　销售者销售产品,不得掺杂、掺假,不得以假充真、以次充好,不得以不合格产品冒充合格产品。

第四章　损害赔偿

第四十条　售出的产品有下列情形之一的,销售者应当负责修理、更换、退货;给购买产品的消费者造成损失的,销售者应当赔偿损失:

（一）不具备产品应当具备的使用性能而事先未作说明的;

（二）不符合在产品或者其包装上注明采用的产品标准的;

（三）不符合以产品说明、实物样品等方式表明的质量状况的。

销售者依照前款规定负责修理、更换、退货、赔偿损失后,属于生产者的责任或者属于向销售者提供产品的其他销售者(以下简称供货者)的责任的,销售者有权向生产者、供货者追偿。

销售者未按照第一款规定给予修理、更换、退货或者赔偿损失的,由市场监督管理部门责令改正。

生产者之间,销售者之间,生产者与销售者之间订立的买卖合同、承揽合同有不同约定的,合同当事人按照合同约定执行。

第四十一条　因产品存在缺陷造成人身、缺陷产品以外的其他财产(以下简称他人财产)损害的,生产者应当承担赔偿责任。

生产者能够证明有下列情形之一的,不承担赔偿责任:

（一）未将产品投入流通的;

（二）产品投入流通时,引起损害的缺陷尚不存在的;

（三）将产品投入流通时的科学技术水平尚不能发现缺陷的存在的。

第四十二条　由于销售者的过错使产品存在缺陷,造成人身、他人财产损害的,销售者应当承担赔偿责任。

销售者不能指明缺陷产品的生产者也不能指明缺陷产品的供货者的,销售者应当承担赔偿责任。

第四十三条　因产品存在缺陷造成人身、他人财产损害的,受害人可以向产品的生产者要求赔偿,也可以向产品的销售者要求赔偿。属于产品的生产者的责任,产品的销售者赔偿的,产品的销售者有权向产品的生产者追偿。属于产品的销售者的责任,产品的生产者赔偿的,产品的生产者有权向产品的销售者追偿。

第四十四条　因产品存在缺陷造成受害人人身伤害的,侵害人应当赔偿医疗费、治疗期间的护理费、因误工减少的收入等费用;造成残疾的,还应当支付残疾者生活自助具费、生活补助费、残疾赔偿金以及由其扶养的人所必需的生活费等费用;造成受害人死亡的,并应当支付丧葬费、死亡赔偿金以及由死者生前扶养的人所必需的生活费等费用。

因产品存在缺陷造成受害人财产损失的,侵害人应当恢复原状或者折价赔偿。受害人因此遭受其他重大损失的,侵害人应当赔偿损失。

第四十五条　因产品存在缺陷造成损害要求赔偿的诉讼时效期间为二年,自当事人知道或者应当知道其权益受到损害时起计算。

因产品存在缺陷造成损害要求赔偿的请求权,在造成损害的缺陷产品交付最初消费者满十年丧失;但是,尚未超过明示的安全使用期的除外。

第四十六条 本法所称缺陷,是指产品存在危及人身、他人财产安全的不合理的危险;产品有保障人体健康和人身、财产安全的国家标准、行业标准的,是指不符合该标准。

第四十七条 因产品质量发生民事纠纷时,当事人可以通过协商或者调解解决。当事人不愿通过协商、调解解决或者协商、调解不成的,可以根据当事人各方的协议向仲裁机构申请仲裁;当事人各方没有达成仲裁协议或者仲裁协议无效的,可以直接向人民法院起诉。

第四十八条 仲裁机构或者人民法院可以委托本法第十九条规定的产品质量检验机构,对有关产品质量进行检验。

第五章 罚 则

第四十九条 生产、销售不符合保障人体健康和人身、财产安全的国家标准、行业标准的产品的,责令停止生产、销售,没收违法生产、销售的产品,并处违法生产、销售产品(包括已售出和未售出的产品,下同)货值金额等值以上三倍以下的罚款;有违法所得的,并处没收违法所得;情节严重的,吊销营业执照;构成犯罪的,依法追究刑事责任。

第五十条 在产品中掺杂、掺假,以假充真,以次充好,或者以不合格产品冒充合格产品的,责令停止生产、销售,没收违法生产、销售的产品,并处违法生产、销售产品货值金额百分之五十以上三倍以下的罚款;有违法所得的,并处没收违法所得;情节严重的,吊销营业执照;构成犯罪的,依法追究刑事责任。

第五十一条 生产国家明令淘汰的产品的,销售国家明令淘汰并停止销售的产品的,责令停止生产、销售,没收违法生产、销售的产品,并处违法生产、销售产品货值金额等值以下的罚款;有违法所得的,并处没收违法所得;情节严重的,吊销营业执照。

第五十二条 销售失效、变质的产品的,责令停止销售,没收违法销售的产品,并处违法销售产品货值金额二倍以下的罚款;有违法所得的,并处没收违法所得;情节严重的,吊销营业执照;构成犯罪的,依法追究刑事责任。

第五十三条 伪造产品产地的,伪造或者冒用他人厂名、厂址的,伪造或者冒用认证标志等质量标志的,责令改正,没收违法生产、销售的产品,并处违法生产、销售产品货值金额等值以下的罚款;有违法所得的,并处没收违法所得;情节严重的,吊销营业执照。

第五十四条 产品标识不符合本法第二十七条规定的,责令改正;有包装的产品标识不符合本法第二十七条第(四)项、第(五)项规定,情节严重的,责令停止生产、销售,并处违法生产、销售产品货值金额百分之三十以下的罚款;有违法所得的,并处没收违法所得。

第五十五条 销售者销售本法第四十九条至第五十三条规定禁止销售的产品,有充分证据证明其不知道该产品为禁止销售的产品并如实说明其进货来源的,可以从轻或者减轻处罚。

第五十六条 拒绝接受依法进行的产品质量监督检查的,给予警告,责令改正;拒不改正的,责令停业整顿;情节特别严重的,吊销营业执照。

第五十七条 产品质量检验机构、认证机构伪造检验结果或者出具虚假证明的,责令改正,对单位处五万元以上十万元以下的罚款,对直接负责的主管人员和其他直接责任人员处一万元以上五万元以下的罚款;有违法所得的,并处没收违法所得;情节严重的,取消其检验资格、认证资格;构成犯罪的,依法追究刑事责任。

产品质量检验机构、认证机构出具的检验结果或者证明不实,造成损失的,应当承担相应的赔偿责任;造成重大损失的,撤销其检验资格、认证资格。

产品质量认证机构违反本法第二十一条第二款的规定,对不符合认证标准而使用认证标志的产品,未依法要求其改正或者取消其使用认证标志资格的,对因产品不符合认证标准给消费者造成的损失,与产品的生产者、销售者承担连带责任;情节严重的,撤销其认证资格。

第五十八条 社会团体、社会中介机构对产品质量作出承诺、保证,而该产品又不符合其承诺、保证的质量要求,给消费者造成损失的,与产品的生产者、销售者承担连带责任。

第五十九条 在广告中对产品质量作虚假宣传,欺骗和误导消费者的,依照《中华人民共和国广告法》的规定追究法律责任。

第六十条 对生产者专门用于生产本法第四十九条、第五十一条所列的产品或者以假充真的产品的原辅材料、包装物、生产工具,应当予以没收。

第六十一条 知道或者应当知道属于本法规定禁止生产、销售的产品而为其提供运输、保管、仓储等便利条件的,或者为以假充真的产品提供制假生产技术的,没收全部运输、保管、仓储或者提供制假生产技术的收入,并处违法收入百分之五十以上三倍以下的罚款;构成犯罪的,依法追究刑事责任。

第六十二条 服务业的经营者将本法第四十九条至第五十二条规定禁止销售的产品用于经营性服务的,责令停止使用;对知道或者应当知道所使用的产品属于本法规定禁止销售的产品的,按照违法使用的产品(包括已使用和尚未使用的产品)的货值金额,依照本法对销售者的处罚规定处罚。

第六十三条 隐匿、转移、变卖、损毁被市场监督管理部门查封、扣押的物品的,处被隐匿、转移、变卖、损毁物品货值金额等值以上三倍以下的罚款;有违法所得的,并处没收违法所得。

第六十四条 违反本法规定,应当承担民事赔偿责任和缴纳罚款、罚金,其财产不足以同时支付时,先承担民事赔偿责任。

第六十五条 各级人民政府工作人员和其他国家机关工作人员有下列情形之一的,依法给予行政处分;构成犯罪的,依法追究刑事责任:

(一)包庇、放纵产品生产、销售中违反本法规定行为的;

(二)向从事违反本法规定的生产、销售活动的当事人通风报信,帮助其逃避查处的;

(三)阻挠、干预市场监督管理部门依法对产品生产、销售中违反本法规定的行为进行查处,造成严重后果的。

第六十六条 市场监督管理部门在产品质量监督抽查中超过规定的数量索取样品或者向被检查人收取检验费用的,由上级市场监督管理部门或者监察机关责令退还;情节严重的,对直接负责的主管人员和其他直接责任人员依法给予行政处分。

第六十七条　市场监督管理部门或者其他国家机关违反本法第二十五条的规定,向社会推荐生产者的产品或者以监制、监销等方式参与产品经营活动的,由其上级机关或者监察机关责令改正,消除影响,有违法收入的予以没收;情节严重的,对直接负责的主管人员和其他直接责任人员依法给予行政处分。

产品质量检验机构有前款所列违法行为的,由市场监督管理部门责令改正,消除影响,有违法收入的予以没收,可以并处违法收入一倍以下的罚款;情节严重的,撤销其质量检验资格。

第六十八条　市场监督管理部门的工作人员滥用职权、玩忽职守、徇私舞弊,构成犯罪的,依法追究刑事责任;尚不构成犯罪的,依法给予行政处分。

第六十九条　以暴力、威胁方法阻碍市场监督管理部门的工作人员依法执行职务的,依法追究刑事责任;拒绝、阻碍未使用暴力、威胁方法的,由公安机关依照治安管理处罚法的规定处罚。

第七十条　本法第四十九条至第五十七条、第六十条至第六十三条规定的行政处罚由市场监督管理部门决定。法律、行政法规对行使行政处罚权的机关另有规定的,依照有关法律、行政法规的规定执行。

第七十一条　对依照本法规定没收的产品,依照国家有关规定进行销毁或者采取其他方式处理。

第七十二条　本法第四十九条至第五十四条、第六十二条、第六十三条所规定的货值金额以违法生产、销售产品的标价计算;没有标价的,按照同类产品的市场价格计算。

第六章　附　则

第七十三条　军工产品质量监督管理办法,由国务院、中央军事委员会另行制定。因核设施、核产品造成损害的赔偿责任,法律、行政法规另有规定的,依照其规定。

第七十四条　本法自 1993 年 9 月 1 日起施行。

附录六 建设工程质量管理条例

(2000年1月10日国务院第25次常务会议通过,中华人民共和国国务院令第279号发布实施,根据2017年10月7日《国务院关于修改部分行政法规的决定》(中华人民共和国国务院令第687号)修改)

第一章 总 则

第一条 为了加强对建设工程质量的管理,保证建设工程质量,保护人民生命和财产安全,根据《中华人民共和国建筑法》,制定本条例。

第二条 凡在中华人民共和国境内从事建设工程的新建、扩建、改建等有关活动及实施对建设工程质量监督管理的,必须遵守本条例。

本条例所称建设工程,是指土木工程、建筑工程、线路管道和设备安装工程及装修工程。

第三条 建设单位、勘察单位、设计单位、施工单位、工程监理单位依法对建设工程质量负责。

第四条 县级以上人民政府建设行政主管部门和其他有关部门应当加强对建设工程质量的监督管理。

第五条 从事建设工程活动,必须严格执行基本建设程序,坚持先勘察、后设计、再施工的原则。

县级以上人民政府及其有关部门不得超越权限审批建设项目或者擅自简化基本建设程序。

第六条 国家鼓励采用先进的科学技术和管理方法,提高建设工程质量。

第二章 建设单位的质量责任和义务

第七条 建设单位应当将工程发包给具有相应资质等级的单位。

建设单位不得将建设工程肢解发包。

第八条 建设单位应当依法对工程建设项目的勘察、设计、施工、监理以及与工程建设有关的重要设备、材料等的采购进行招标。

第九条 建设单位必须向有关的勘察、设计、施工、工程监理等单位提供与建设工程有关的原始资料。

原始资料必须真实、准确、齐全。

第十条 建设工程发包单位不得迫使承包方以低于成本的价格竞标,不得任意压缩合理工期。

建设单位不得明示或者暗示设计单位或者施工单位违反工程建设强制性标准,降低建设工程质量。

第十一条 施工图设计文件审查的具体办法,由国务院建设行政主管部门、国务院其他有关部门制定。

施工图设计文件未经审查批准的,不得使用。

第十二条 实行监理的建设工程,建设单位应当委托具有相应资质等级的工程监理单位进行监理,也可以委托具有工程监理相应资质等级并与被监理工程的施工承包单位没有隶属关系或者其他利害关系的该工程的设计单位进行监理。

下列建设工程必须实行监理:

(一)国家重点建设工程;

(二)大中型公用事业工程;

(三)成片开发建设的住宅小区工程;

(四)利用外国政府或者国际组织贷款、援助资金的工程;

(五)国家规定必须实行监理的其他工程。

第十三条 建设单位在领取施工许可证或者开工报告前,应当按照国家有关规定办理工程质量监督手续。

第十四条 按照合同约定,由建设单位采购建筑材料、建筑构配件和设备的,建设单位应当保证建筑材料、建筑构配件和设备符合设计文件和合同要求。

建设单位不得明示或者暗示施工单位使用不合格的建筑材料、建筑构配件和设备。

第十五条 涉及建筑主体和承重结构变动的装修工程,建设单位应当在施工前委托原设计单位或者具有相应资质等级的设计单位提出设计方案;没有设计方案的,不得施工。

房屋建筑使用者在装修过程中,不得擅自变动房屋建筑主体和承重结构。

第十六条 建设单位收到建设工程竣工报告后,应当组织设计、施工、工程监理等有关单位进行竣工验收。

建设工程竣工验收应当具备下列条件:

(一)完成建设工程设计和合同约定的各项内容;

(二)有完整的技术档案和施工管理资料;

(三)有工程使用的主要建筑材料、建筑构配件和设备的进场试验报告;

(四)有勘察、设计、施工、工程监理等单位分别签署的质量合格文件;

(五)有施工单位签署的工程保修书。

建设工程经验收合格的,方可交付使用。

第十七条 建设单位应当严格按照国家有关档案管理的规定,及时收集、整理建设项目各环节的文件资料,建立、健全建设项目档案,并在建设工程竣工验收后,及时向建设行政主管部门或者其他有关部门移交建设项目档案。

第三章 勘察、设计单位的质量责任和义务

第十八条 从事建设工程勘察、设计的单位应当依法取得相应等级的资质证书,并在其资质等级许可的范围内承揽工程。

禁止勘察、设计单位超越其资质等级许可的范围或者以其他勘察、设计单位的名义承揽工程。禁止勘察、设计单位允许其他单位或者个人以本单位的名义承揽工程。

勘察、设计单位不得转包或者违法分包所承揽的工程。

第十九条　勘察、设计单位必须按照工程建设强制性标准进行勘察、设计，并对其勘察、设计的质量负责。

注册建筑师、注册结构工程师等注册执业人员应当在设计文件上签字，对设计文件负责。

第二十条　勘察单位提供的地质、测量、水文等勘察成果必须真实、准确。

第二十一条　设计单位应当根据勘察成果文件进行建设工程设计。

设计文件应当符合国家规定的设计深度要求，注明工程合理使用年限。

第二十二条　设计单位在设计文件中选用的建筑材料、建筑构配件和设备，应当注明规格、型号、性能等技术指标，其质量要求必须符合国家规定的标准。

除有特殊要求的建筑材料、专用设备、工艺生产线等外，设计单位不得指定生产厂、供应商。

第二十三条　设计单位应当就审查合格的施工图设计文件向施工单位作出详细说明。

第二十四条　设计单位应当参与建设工程质量事故分析，并对因设计造成的质量事故，提出相应的技术处理方案。

第四章　施工单位的质量责任和义务

第二十五条　施工单位应当依法取得相应等级的资质证书，并在其资质等级许可的范围内承揽工程。

禁止施工单位超越本单位资质等级许可的业务范围或者以其他施工单位的名义承揽工程。禁止施工单位允许其他单位或者个人以本单位的名义承揽工程。

施工单位不得转包或者违法分包工程。

第二十六条　施工单位对建设工程的施工质量负责。

施工单位应当建立质量责任制，确定工程项目的项目经理、技术负责人和施工管理负责人。

建设工程实行总承包的，总承包单位应当对全部建设工程质量负责；建设工程勘察、设计、施工、设备采购的一项或者多项实行总承包的，总承包单位应当对其承包的建设工程或者采购的设备的质量负责。

第二十七条　总承包单位依法将建设工程分包给其他单位的，分包单位应当按照分包合同的约定对其分包工程的质量向总承包单位负责，总承包单位与分包单位对分包工程的质量承担连带责任。

第二十八条　施工单位必须按照工程设计图纸和施工技术标准施工，不得擅自修改工程设计，不得偷工减料。

施工单位在施工过程中发现设计文件和图纸有差错的，应当及时提出意见和建议。

第二十九条　施工单位必须按照工程设计要求、施工技术标准和合同约定，对建筑材料、建筑构配件、设备和商品混凝土进行检验，检验应当有书面记录和专人签字；未经检验或者检验不合格的，不得使用。

第三十条　施工单位必须建立、健全施工质量的检验制度,严格工序管理,作好隐蔽工程的质量检查和记录。隐蔽工程在隐蔽前,施工单位应当通知建设单位和建设工程质量监督机构。

第三十一条　施工人员对涉及结构安全的试块、试件以及有关材料,应当在建设单位或者工程监理单位监督下现场取样,并送具有相应资质等级的质量检测单位进行检测。

第三十二条　施工单位对施工中出现质量问题的建设工程或者竣工验收不合格的建设工程,应当负责返修。

第三十三条　施工单位应当建立、健全教育培训制度,加强对职工的教育培训;未经教育培训或者考核不合格的人员,不得上岗作业。

第五章　工程监理单位的质量责任和义务

第三十四条　工程监理单位应当依法取得相应等级的资质证书,并在其资质等级许可的范围内承担工程监理业务。

禁止工程监理单位超越本单位资质等级许可的范围或者以其他工程监理单位的名义承担工程监理业务。禁止工程监理单位允许其他单位或者个人以本单位的名义承担工程监理业务。

工程监理单位不得转让工程监理业务。

第三十五条　工程监理单位与被监理工程的施工承包单位以及建筑材料、建筑构配件和设备供应单位有隶属关系或者其他利害关系的,不得承担该项建设工程的监理业务。

第三十六条　工程监理单位应当依照法律、法规以及有关技术标准、设计文件和建设工程承包合同,代表建设单位对施工质量实施监理,并对施工质量承担监理责任。

第三十七条　工程监理单位应当选派具备相应资格的总监理工程师和监理工程师进驻施工现场。

未经监理工程师签字,建筑材料、建筑构配件和设备不得在工程上使用或者安装,施工单位不得进行下一道工序的施工。未经总监理工程师签字,建设单位不拨付工程款,不进行竣工验收。

第三十八条　监理工程师应当按照工程监理规范的要求,采取旁站、巡视和平行检验等形式,对建设工程实施监理。

第六章　建设工程质量保修

第三十九条　建设工程实行质量保修制度。

建设工程承包单位在向建设单位提交工程竣工验收报告时,应当向建设单位出具质量保修书。质量保修书中应当明确建设工程的保修范围、保修期限和保修责任等。

第四十条　在正常使用条件下,建设工程的最低保修期限为:

(一)基础设施工程、房屋建筑的地基基础工程和主体结构工程,为设计文件规定的该工程的合理使用年限;

(二)屋面防水工程、有防水要求的卫生间、房间和外墙面的防渗漏,为5年;

(三)供热与供冷系统,为2个采暖期、供冷期;

（四）电气管线、给排水管道、设备安装和装修工程，为2年。

其他项目的保修期限由发包方与承包方约定。

建设工程的保修期，自竣工验收合格之日起计算。

第四十一条　建设工程在保修范围和保修期限内发生质量问题的，施工单位应当履行保修义务，并对造成的损失承担赔偿责任。

第四十二条　建设工程在超过合理使用年限后需要继续使用的，产权所有人应当委托具有相应资质等级的勘察、设计单位鉴定，并根据鉴定结果采取加固、维修等措施，重新界定使用期。

第七章　监督管理

第四十三条　国家实行建设工程质量监督管理制度。

国务院建设行政主管部门对全国的建设工程质量实施统一监督管理。国务院铁路、交通、水利等有关部门按照国务院规定的职责分工，负责对全国的有关专业建设工程质量的监督管理。

县级以上地方人民政府建设行政主管部门对本行政区域内的建设工程质量实施监督管理。县级以上地方人民政府交通、水利等有关部门在各自的职责范围内，负责对本行政区域内的专业建设工程质量的监督管理。

第四十四条　国务院建设行政主管部门和国务院铁路、交通、水利等有关部门应当加强对有关建设工程质量的法律、法规和强制性标准执行情况的监督检查。

第四十五条　国务院发展计划部门按照国务院规定的职责，组织稽察特派员，对国家出资的重大建设项目实施监督检查。

国务院经济贸易主管部门按照国务院规定的职责，对国家重大技术改造项目实施监督检查。

第四十六条　建设工程质量监督管理，可以由建设行政主管部门或者其他有关部门委托的建设工程质量监督机构具体实施。

从事房屋建筑工程和市政基础设施工程质量监督的机构，必须按照国家有关规定经国务院建设行政主管部门或者省、自治区、直辖市人民政府建设行政主管部门考核；从事专业建设工程质量监督的机构，必须按照国家有关规定经国务院有关部门或者省、自治区、直辖市人民政府有关部门考核。经考核合格后，方可实施质量监督。

第四十七条　县级以上地方人民政府建设行政主管部门和其他有关部门应当加强对有关建设工程质量的法律、法规和强制性标准执行情况的监督检查。

第四十八条　县级以上人民政府建设行政主管部门和其他有关部门履行监督检查职责时，有权采取下列措施：

（一）要求被检查的单位提供有关工程质量的文件和资料；

（二）进入被检查单位的施工现场进行检查；

（三）发现有影响工程质量的问题时，责令改正。

第四十九条　建设单位应当自建设工程竣工验收合格之日起15日内，将建设工程竣工验收报告和规划、公安消防、环保等部门出具的认可文件或者准许使用文件报建设行政主管部门或者其他有关部门备案。

建设行政主管部门或者其他有关部门发现建设单位在竣工验收过程中有违反国家有关建设工程质量管理规定行为的,责令停止使用,重新组织竣工验收。

第五十条 有关单位和个人对县级以上人民政府建设行政主管部门和其他有关部门进行的监督检查应当支持与配合,不得拒绝或者阻碍建设工程质量监督检查人员依法执行职务。

第五十一条 供水、供电、供气、公安消防等部门或者单位不得明示或者暗示建设单位、施工单位购买其指定的生产供应单位的建筑材料、建筑构配件和设备。

第五十二条 建设工程发生质量事故,有关单位应当在 24 小时内向当地建设行政主管部门和其他有关部门报告。对重大质量事故,事故发生地的建设行政主管部门和其他有关部门应当按照事故类别和等级向当地人民政府和上级建设行政主管部门和其他有关部门报告。

特别重大质量事故的调查程序按照国务院有关规定办理。

第五十三条 任何单位和个人对建设工程的质量事故、质量缺陷都有权检举、控告、投诉。

第八章 罚 则

第五十四条 违反本条例规定,建设单位将建设工程发包给不具有相应资质等级的勘察、设计、施工单位或者委托给不具有相应资质等级的工程监理单位的,责令改正,处 50 万元以上 100 万元以下的罚款。

第五十五条 违反本条例规定,建设单位将建设工程肢解发包的,责令改正,处工程合同价款百分之零点五以上百分之一以下的罚款;对全部或者部分使用国有资金的项目,并可以暂停项目执行或者暂停资金拨付。

第五十六条 违反本条例规定,建设单位有下列行为之一的,责令改正,处 20 万元以上 50 万元以下的罚款:

(一)迫使承包方以低于成本的价格竞标的;

(二)任意压缩合理工期的;

(三)明示或者暗示设计单位或者施工单位违反工程建设强制性标准,降低工程质量的;

(四)施工图设计文件未经审查或者审查不合格,擅自施工的;

(五)建设项目必须实行工程监理而未实行工程监理的;

(六)未按照国家规定办理工程质量监督手续的;

(七)明示或者暗示施工单位使用不合格的建筑材料、建筑构配件和设备的;

(八)未按照国家规定将竣工验收报告、有关认可文件或者准许使用文件报送备案的。

第五十七条 违反本条例规定,建设单位未取得施工许可证或者开工报告未经批准,擅自施工的,责令停止施工,限期改正,处工程合同价款百分之一以上百分之二以下的罚款。

第五十八条 违反本条例规定,建设单位有下列行为之一的,责令改正,处工程合同价款百分之二以上百分之四以下的罚款;造成损失的,依法承担赔偿责任;

(一)未组织竣工验收,擅自交付使用的;

(二)验收不合格,擅自交付使用的;

(三)对不合格的建设工程按照合格工程验收的。

第五十九条 违反本条例规定,建设工程竣工验收后,建设单位未向建设行政主管部门或者其他有关部门移交建设项目档案的,责令改正,处1万元以上10万元以下的罚款。

第六十条 违反本条例规定,勘察、设计、施工、工程监理单位超越本单位资质等级承揽工程的,责令停止违法行为,对勘察、设计单位或者工程监理单位处合同约定的勘察费、设计费或者监理酬金1倍以上2倍以下的罚款;对施工单位处工程合同价款百分之二以上百分之四以下的罚款,可以责令停业整顿,降低资质等级;情节严重的,吊销资质证书;有违法所得的,予以没收。

未取得资质证书承揽工程的,予以取缔,依照前款规定处以罚款;有违法所得的,予以没收。

以欺骗手段取得资质证书承揽工程的,吊销资质证书,依照本条第一款规定处以罚款;有违法所得的,予以没收。

第六十一条 违反本条例规定,勘察、设计、施工、工程监理单位允许其他单位或者个人以本单位名义承揽工程的,责令改正,没收违法所得,对勘察、设计单位和工程监理单位处合同约定的勘察费、设计费和监理酬金1倍以上2倍以下的罚款;对施工单位处工程合同价款百分之二以上百分之四以下的罚款;可以责令停业整顿,降低资质等级;情节严重的,吊销资质证书。

第六十二条 违反本条例规定,承包单位将承包的工程转包或者违法分包的,责令改正,没收违法所得,对勘察、设计单位处合同约定的勘察费、设计费百分之二十五以上百分之五十以下的罚款;对施工单位处工程合同价款百分之零点五以上百分之一以下的罚款;可以责令停业整顿,降低资质等级;情节严重的,吊销资质证书。

工程监理单位转让工程监理业务的,责令改正,没收违法所得,处合同约定的监理酬金百分之二十五以上百分之五十以下的罚款;可以责令停业整顿,降低资质等级;情节严重的,吊销资质证书。

第六十三条 违反本条例规定,有下列行为之一的,责令改正,处10万元以上30万元以下的罚款:

(一)勘察单位未按照工程建设强制性标准进行勘察的;

(二)设计单位未根据勘察成果文件进行工程设计的;

(三)设计单位指定建筑材料、建筑构配件的生产厂、供应商的;

(四)设计单位未按照工程建设强制性标准进行设计的。

有前款所列行为,造成工程质量事故的,责令停业整顿,降低资质等级;情节严重的,吊销资质证书;造成损失的,依法承担赔偿责任。

第六十四条 违反本条例规定,施工单位在施工中偷工减料的,使用不合格的建筑材料、建筑构配件和设备的,或者有不按照工程设计图纸或者施工技术标准施工的其他行为的,责令改正,处工程合同价款百分之二以上百分之四以下的罚款;造成建设工程质量不符合规定的质量标准的,负责返工、修理,并赔偿因此造成的损失;情节严重的,责令停业整顿,降低资质等级或者吊销资质证书。

第六十五条 违反本条例规定,施工单位未对建筑材料、建筑构配件、设备和商品混凝土进行检验,或者未对涉及结构安全的试块、试件以及有关材料取样检测的,责令改正,处10万元以上20万元以下的罚款;情节严重的,责令停业整顿,降低资质等级或者吊销资质证书;造成损失的,依法承担赔偿责任。

第六十六条 违反本条例规定,施工单位不履行保修义务或者拖延履行保修义务的,责令改正,处10万元以上20万元以下的罚款,并对在保修期内因质量缺陷造成的损失承担赔偿责任。

第六十七条 工程监理单位有下列行为之一的,责令改正,处50万元以上100万元以下的罚款,降低资质等级或者吊销资质证书;有违法所得的,予以没收;造成损失的,承担连带赔偿责任:

(一)与建设单位或者施工单位串通,弄虚作假、降低工程质量的;

(二)将不合格的建设工程、建筑材料、建筑构配件和设备按照合格签字的。

第六十八条 违反本条例规定,工程监理单位与被监理工程的施工承包单位以及建筑材料、建筑构配件和设备供应单位有隶属关系或者其他利害关系承担该项建设工程的监理业务的,责令改正,处5万元以上10万元以下的罚款,降低资质等级或者吊销资质证书;有违法所得的,予以没收。

第六十九条 违反本条例规定,涉及建筑主体或者承重结构变动的装修工程,没有设计方案擅自施工的,责令改正,处50万元以上100万元以下的罚款;房屋建筑使用者在装修过程中擅自变动房屋建筑主体和承重结构的,责令改正,处5万元以上10万元以下的罚款。

有前款所列行为,造成损失的,依法承担赔偿责任。

第七十条 发生重大工程质量事故隐瞒不报、谎报或者拖延报告期限的,对直接负责的主管人员和其他责任人员依法给予行政处分。

第七十一条 违反本条例规定,供水、供电、供气、公安消防等部门或者单位明示或者暗示建设单位或施工单位购买其指定的生产供应单位的建筑材料、建筑构配件和设备的,责令改正。

第七十二条 违反本条例规定,注册建筑师、注册结构工程师、监理工程师等注册执业人员因过错造成质量事故的,责令停止执业1年;造成重大质量事故的,吊销执业资格证书,5年以内不予注册;情节特别恶劣的,终身不予注册。

第七十三条 依照本条例规定,给予单位罚款处罚的,对单位直接负责的主管人员和其他直接责任人员处单位罚款数额百分之五以上百分之十以下的罚款。

第七十四条 建设单位、设计单位、施工单位、工程监理单位违反国家规定,降低工程质量标准,造成重大安全事故,构成犯罪的,对直接责任人员依法追究刑事责任。

第七十五条 本条例规定的责令停业整顿,降低资质等级和吊销资质证书的行政处罚,由颁发资质证书的机关决定;其他行政处罚,由建设行政主管部门或者其他有关部门依照法定职权决定。

依照本条例规定被吊销资质证书的,由工商行政管理部门吊销其营业执照。

第七十六条 国家机关工作人员在建设工程质量监督管理工作中玩忽职守、滥用职权、徇私舞弊,构成犯罪的,依法追究刑事责任;尚不构成犯罪的,依法给予行政处分。

第七十七条 建设、勘察、设计、施工、工程监理单位的工作人员因调动工作、退休等原因离开该单位后,被发现在该单位工作期间违反国家有关建设工程质量管理规定,造成重大工程质量事故的,仍应当依法追究法律责任。

第九章 附 则

第七十八条 本条例所称肢解发包,是指建设单位将应当由一个承包单位完成的建设工程分解成若干部分发包给不同的承包单位的行为。

本条例所称违法分包,是指下列行为:

(一)总承包单位将建设工程分包给不具备相应资质条件的单位的;

(二)建设工程总承包合同中未有约定,又未经建设单位认可,承包单位将其承包的部分建设工程交由其他单位完成的;

(三)施工总承包单位将建设工程主体结构的施工分包给其他单位的;

(四)分包单位将其承包的建设工程再分包的。

本条例所称转包,是指承包单位承包建设工程后,不履行合同约定的责任和义务,将其承包的全部建设工程转给他人或者将其承包的全部建设工程肢解以后以分包的名义分别转给其他单位承包的行为。

第七十九条 本条例规定的罚款和没收的违法所得,必须全部上缴国库。

第八十条 抢险救灾及其他临时性房屋建筑和农民自建低层住宅的建设活动,不适用本条例。

第八十一条 军事建设工程的管理,按照中央军事委员会的有关规定执行。

第八十二条 本条例自发布之日起施行。

附录七　中共中央 国务院关于开展质量提升 行动的指导意见

(2017 年 9 月 5 日)

提高供给质量是供给侧结构性改革的主攻方向,全面提高产品和服务质量是提升供给体系的中心任务。经过长期不懈努力,我国质量总体水平稳步提升,质量安全形势稳定向好,有力支撑了经济社会发展。但也要看到,我国经济发展的传统优势正在减弱,实体经济结构性供需失衡矛盾和问题突出,特别是中高端产品和服务有效供给不足,迫切需要下最大力气抓全面提高质量,推动我国经济发展进入质量时代。现就开展质量提升行动提出如下意见。

一、总体要求

(一)指导思想

全面贯彻党的十八大和十八届三中、四中、五中、六中全会精神,深入贯彻习近平总书记系列重要讲话精神和治国理政新理念新思想新战略,牢固树立和贯彻落实新发展理念,紧紧围绕统筹推进"五位一体"总体布局和协调推进"四个全面"战略布局,认真落实党中央、国务院决策部署,以提高发展质量和效益为中心,将质量强国战略放在更加突出的位置,开展质量提升行动,加强全面质量监管,全面提升质量水平,加快培育国际竞争新优势,为实现"两个一百年"奋斗目标奠定质量基础。

(二)基本原则

——坚持以质量第一为价值导向。牢固树立质量第一的强烈意识,坚持优质发展、以质取胜,更加注重以质量提升减轻经济下行和安全监管压力,真正形成各级党委和政府重视质量、企业追求质量、社会崇尚质量、人人关心质量的良好氛围。

——坚持以满足人民群众需求和增强国家综合实力为根本目的。把增进民生福祉、满足人民群众质量需求作为提高供给质量的出发点和落脚点,促进质量发展成果全民共享,增强人民群众的质量获得感。持续提高产品、工程、服务的质量水平、质量层次和品牌影响力,推动我国产业价值链从低端向中高端延伸,更深更广融入全球供给体系。

——坚持以企业为质量提升主体。加强全面质量管理,推广应用先进质量管理方法,提高全员全过程全方位质量控制水平。弘扬企业家精神和工匠精神,提高决策者、经营者、管理者、生产者质量意识和质量素养,打造质量标杆企业,加强品牌建设,推动企业质量管理水平和核心竞争力提高。

——坚持以改革创新为根本途径。深入实施创新驱动发展战略,发挥市场在资源配置中的决定性作用,积极引导推动各种创新要素向产品和服务的供给端集聚,提升质量创新能力,以新技术新业态改造提升产业质量和发展水平。推动创新群体从以科技人员的小众为主向小众与大众创新创业互动转变,推动技术创新、标准研制和产业化协调发展,用先进标准引领产品、工程和服务质量提升。

（三）主要目标

到 2020 年,供给质量明显改善,供给体系更有效率,建设质量强国取得明显成效,质量总体水平显著提升,质量对提高全要素生产率和促进经济发展的贡献进一步增强,更好满足人民群众不断升级的消费需求。

——产品、工程和服务质量明显提升。质量突出问题得到有效治理,智能化、消费友好的中高端产品供给大幅增加,高附加值和优质服务供给比重进一步提升,中国制造、中国建造、中国服务、中国品牌国际竞争力显著增强。

——产业发展质量稳步提高。企业质量管理水平大幅提升,传统优势产业实现价值链升级,战略性新兴产业的质量效益特征更加明显,服务业提质增效进一步加快,以技术、技能、知识等为要素的质量竞争型产业规模显著扩大,形成一批质量效益一流的世界级产业集群。

——区域质量水平整体跃升。区域主体功能定位和产业布局更加合理,区域特色资源、环境容量和产业基础等资源优势充分利用,产业梯度转移和质量升级同步推进,区域经济呈现互联互通和差异化发展格局,涌现出一批特色小镇和区域质量品牌。

——国家质量基础设施效能充分释放。计量、标准、检验检测、认证认可等国家质量基础设施系统完整、高效运行,技术水平和服务能力进一步增强,国际竞争力明显提升,对科技进步、产业升级、社会治理、对外交往的支撑更加有力。

二、全面提升产品、工程和服务质量

（四）增加农产品、食品药品优质供给

健全农产品质量标准体系,实施农业标准化生产和良好农业规范。加快高标准农田建设,加大耕地质量保护和土壤修复力度。推行种养殖清洁生产,强化农业投入品监管,严格规范农药、抗生素、激素类药物和化肥使用。完善进口食品安全治理体系,推进出口食品农产品质量安全示范区建设。开展出口农产品品牌建设专项推进行动,提升出口农产品质量,带动提升内销农产品质量。引进优质农产品和种质资源。大力发展农产品初加工和精深加工,提高绿色产品供给比重,提升农产品附加值。

完善食品药品安全监管体制,增强统一性、专业性、权威性,为食品药品安全提供组织和制度保障。继续推动食品安全标准与国际标准对接,加快提升营养健康标准水平。推进传统主食工业化、标准化生产。促进奶业优质安全发展。发展方便食品、速冻食品等现代食品产业。实施药品、医疗器械标准提高行动计划,全面提升药物质量水平,提高中药质量稳定性和可控性。推进仿制药质量和疗效一致性评价。

（五）促进消费品提质升级

加快消费品标准和质量提升,推动消费品工业增品种、提品质、创品牌,支撑民众消费升级需求。推动企业发展个性定制、规模定制、高端定制,推动产品供给向"产品+服务"转变、向中高端迈进。推动家用电器高端化、绿色化、智能化发展,改善空气净化器等新兴家电产品的功能和消费体验,优化电饭锅等小家电产品的外观和功能设计。强化智能手机、可穿戴设备、新型视听产品的信息安全、隐私保护,提高关键元器件制造能力。巩固纺织服装鞋帽、皮革箱包等传统产业的优势地位。培育壮大民族日化产业。提高儿童用品

安全性、趣味性,加大"银发经济"群体和失能群体产品供给。大力发展民族传统文化产品,推动文教体育休闲用品多样化发展。

(六)提升装备制造竞争力

加快装备制造业标准化和质量提升,提高关键领域核心竞争力。实施工业强基工程,提高核心基础零部件(元器件)、关键基础材料产品性能,推广应用先进制造工艺,加强计量测试技术研究和应用。发展智能制造,提高工业机器人、高档数控机床的加工精度和精度保持能力,提升自动化生产线、数字化车间的生产过程智能化水平。推行绿色制造,推广清洁高效生产工艺,降低产品制造能耗、物耗和水耗,提升终端用能产品能效、水效。加快提升国产大飞机、高铁、核电、工程机械、特种设备等中国装备的质量竞争力。

(七)提升原材料供给水平

鼓励矿产资源综合勘查、评价、开发和利用,推进绿色矿山和绿色矿业发展示范区建设。提高煤炭洗选加工比例。提升油品供给质量。加快高端材料创新,提高质量稳定性,形成高性能、功能化、差别化的先进基础材料供给能力。加快钢铁、水泥、电解铝、平板玻璃、焦炭等传统产业转型升级。推动稀土、石墨等特色资源高质化利用,促进高强轻合金、高性能纤维等关键战略材料性能和品质提升,加强石墨烯、智能仿生材料等前沿新材料布局,逐步进入全球高端制造业采购体系。

(八)提升建设工程质量水平

确保重大工程建设质量和运行管理质量,建设百年工程。高质量建设和改造城乡道路交通设施、供热供水设施、排水与污水处理设施。加快海绵城市建设和地下综合管廊建设。规范重大项目基本建设程序,坚持科学论证、科学决策,加强重大工程的投资咨询、建设监理、设备监理,保障工程项目投资效益和重大设备质量。全面落实工程参建各方主体质量责任,强化建设单位首要责任和勘察、设计、施工单位主体责任。加快推进工程质量管理标准化,提高工程项目管理水平。加强工程质量检测管理,严厉打击出具虚假报告等行为。健全工程质量监督管理机制,强化工程建设全过程质量监管。因地制宜提高建筑节能标准。完善绿色建材标准,促进绿色建材生产和应用。大力发展装配式建筑,提高建筑装修部品部件的质量和安全性能。推进绿色生态小区建设。

(九)推动服务业提质增效

提高生活性服务业品质。完善以居家为基础、社区为依托、机构为补充、医养相结合的多层次、智能化养老服务体系。鼓励家政企业创建服务品牌。发展大众化餐饮,引导餐饮企业建立集中采购、统一配送、规范化生产、连锁化经营的生产模式。实施旅游服务质量提升计划,显著改善旅游市场秩序。推广实施优质服务承诺标识和管理制度,培育知名服务品牌。

促进生产性服务业专业化发展。加强运输安全保障能力建设,推进铁路、公路、水路、民航等多式联运发展,提升服务质量。提高物流全链条服务质量,增强物流服务时效,加强物流标准化建设,提升冷链物流水平。推进电子商务规制创新,加强电子商务产业载体、物流体系、人才体系建设,不断提升电子商务服务质量。支持发展工业设计、计量测试、标准试验验证、检验检测认证等高技术服务业。提升银行服务、保险服务的标准化程度和服务质量。加快知识产权服务体系建设。提高律师、公证、法律援助、司法鉴定、基层法律服务等法律服务水平。开展国家新型优质服务业集群建设试点,支撑引领三次产业向中高端迈进。

(十)提升社会治理和公共服务水平

推广"互联网＋政务服务",加快推进行政审批标准化建设,优化服务流程,简化办事环节,提高行政效能。提升城市治理水平,推进城市精细化、规范化管理。促进义务教育优质均衡发展,扩大普惠性学前教育和优质职业教育供给,促进和规范民办教育。健全覆盖城乡的公共就业创业服务体系。加强职业技能培训,推动实现比较充分和更高质量就业。提升社会救助、社会福利、优抚安置等保障水平。

提升优质公共服务供给能力。稳步推进进一步改善医疗服务行动计划。建立健全医疗纠纷预防调解机制,构建和谐医患关系。鼓励创造优秀文化服务产品,推动文化服务产品数字化、网络化。提高供电、供气、供热、供水服务质量和安全保障水平,创新人民群众满意的服务供给。开展公共服务质量监测和结果通报,引导提升公共服务质量水平。

(十一)加快对外贸易优化升级

加快外贸发展方式转变,培育以技术、标准、品牌、质量、服务为核心的对外经济新优势。鼓励高技术含量和高附加值项目维修、咨询、检验检测等服务出口,促进服务贸易与货物贸易紧密结合、联动发展。推动出口商品质量安全示范区建设。完善进出口商品质量安全风险预警和快速反应监管体系。促进"一带一路"沿线国家和地区、主要贸易国家和地区质量国际合作。

三、破除质量提升瓶颈

(十二)实施质量攻关工程

围绕重点产品、重点行业开展质量状况调查,组织质量比对和会商会诊,找准比较优势、行业通病和质量短板,研究制定质量问题解决方案。加强与国际优质产品的质量比对,支持企业瞄准先进标杆实施技术改造。开展重点行业工艺优化行动,组织质量提升关键技术攻关,推动企业积极应用新技术、新工艺、新材料。加强可靠性设计、试验与验证技术开发应用,推广采用先进成型方法和加工方法、在线检测控制装置、智能化生产和物流系统及检测设备。实施国防科技工业质量可靠性专项行动计划,重点解决关键系统、关键产品质量难点问题,支撑重点武器装备质量水平提升。

(十三)加快标准提档升级

改革标准供给体系,推动消费品标准由生产型向消费型、服务型转变,加快培育发展团体标准。推动军民标准通用化建设,建立标准化军民融合长效机制。推进地方标准化综合改革。开展重点行业国内外标准比对,加快转化先进适用的国际标准,提升国内外标准一致性程度,推动我国优势、特色技术标准成为国际标准。建立健全技术、专利、标准协同机制,开展对标达标活动,鼓励、引领企业主动制定和实施先进标准。全面实施企业标准自我声明公开和监督制度,实施企业标准领跑者制度。大力推进内外销产品"同线同标同质"工程,逐步消除国内外市场产品质量差距。

(十四)激发质量创新活力

建立质量分级制度,倡导优质优价,引导、保护企业质量创新和质量提升的积极性。

开展新产业、新动能标准领航工程,促进新旧动能转换。完善第三方质量评价体系,开展高端品质认证,推动质量评价由追求"合格率"向追求"满意度"跃升。鼓励企业开展质量提升小组活动,促进质量管理、质量技术、质量工作法创新。鼓励企业优化功能设计、模块化设计、外观设计、人体工效学设计,推行个性化定制、柔性化生产,提高产品扩展性、耐久性、舒适性等质量特性,满足绿色环保、可持续发展、消费友好等需求。鼓励以用户为中心的微创新,改善用户体验,激发消费潜能。

(十五)推进全面质量管理

发挥质量标杆企业和中央企业示范引领作用,加强全员、全方位、全过程质量管理,提质降本增效。推广现代企业管理制度,广泛开展质量风险分析与控制、质量成本管理、质量管理体系升级等活动,提高质量在线监测、在线控制和产品全生命周期质量追溯能力,推行精益生产、清洁生产等高效生产方式。鼓励各类市场主体整合生产组织全过程要素资源,纳入共同的质量管理、标准管理、供应链管理、合作研发管理等,促进协同制造和协同创新,实现质量水平整体提升。

(十六)加强全面质量监管

深化"放管服"改革,强化事中事后监管,严格按照法律法规从各个领域、各个环节加强对质量的全方位监管。做好新形势下加强打击侵犯知识产权和制售假冒伪劣商品工作,健全打击侵权假冒长效机制。促进行政执法与刑事司法衔接。加强跨区域和跨境执法协作。加强进口商品质量安全监管,严守国门质量安全底线。开展质量问题产品专项整治和区域集中整治,严厉查处质量违法行为。健全质量违法行为记录及公布制度,加大行政处罚等政府信息公开力度。严格落实汽车等产品的修理更换退货责任规定,探索建立第三方质量担保争议处理机制。完善产品伤害监测体系,提高产品安全、环保、可靠性等要求和标准。加大缺陷产品召回力度,扩大召回范围,健全缺陷产品召回行政监管和技术支撑体系,建立缺陷产品召回管理信息共享和部门协作机制。实施服务质量监测基础建设工程。建立责任明确、反应及时、处置高效的旅游市场综合监管机制,严厉打击扰乱旅游市场秩序的违法违规行为,规范旅游市场秩序,净化旅游消费环境。

(十七)着力打造中国品牌

培育壮大民族企业和知名品牌,引导企业提升产品和服务附加值,形成自己独有的比较优势。以产业集聚区、国家自主创新示范区、高新技术产业园区、国家新型工业化产业示范基地等为重点,开展区域品牌培育,创建质量提升示范区、知名品牌示范区。实施中国精品培育工程,加强对中华老字号、地理标志等品牌培育和保护,培育更多百年老店和民族品牌。建立和完善品牌建设、培育标准体系和评价体系,开展中国品牌价值评价活动,推动品牌评价国际标准化工作。开展"中国品牌日"活动,不断凝聚社会共识、营造良好氛围、搭建交流平台,提升中国品牌的知名度和美誉度。

(十八)推进质量全民共治

创新质量治理模式,注重社会各方参与,健全社会监督机制,推进以法治为基础的社会多元治理,构建市场主体自治、行业自律、社会监督、政府监管的质量共治格局。强化质量社会监督和舆论监督。建立完善质量信号传递反馈机制,鼓励消费者组织、行业协会、第三方机构等开展产品质量比较试验、综合评价、体验式调查,引导理性消费选择。

四、夯实国家质量基础设施

(十九)加快国家质量基础设施体系建设

构建国家现代先进测量体系。紧扣国家发展重大战略和经济建设重点领域的需求,建立、改造、提升一批国家计量基准,加快建立新一代高准确度、高稳定性量子计量基准,加强军民共用计量基础设施建设。完善国家量值传递溯源体系。加快制定一批计量技术规范,研制一批新型标准物质,推进社会公用计量标准升级换代。科学规划建设计量科技基础服务、产业计量测试体系、区域计量支撑体系。

加快国家标准体系建设。大力实施标准化战略,深化标准化工作改革,建立政府主导制定的标准与市场自主制定的标准协同发展、协调配套的新型标准体系。简化国家标准制定修订程序,加强标准化技术委员会管理,免费向社会公开强制性国家标准文本,推动免费向社会公开推荐性标准文本。建立标准实施信息反馈和评估机制,及时开展标准复审和维护更新。

完善国家合格评定体系。完善检验检测认证机构资质管理和能力认可制度,加强检验检测认证公共服务平台示范区、国家检验检测高技术服务业集聚区建设。提升战略性新兴产业检验检测认证支撑能力。建立全国统一的合格评定制度和监管体系,建立政府、行业、社会等多层次采信机制。健全进出口食品企业注册备案制度。加快建立统一的绿色产品标准、认证、标识体系。

(二十)深化国家质量基础设施融合发展

加强国家质量基础设施的统一建设、统一管理,推进信息共享和业务协同,保持中央、省、市、县四级国家质量基础设施的系统完整,加快形成国家质量基础设施体系。开展国家质量基础设施协同服务及应用示范基地建设,助推中小企业和产业集聚区全面加强质量提升。构建统筹协调、协同高效、系统完备的国家质量基础设施军民融合发展体系,增强对经济建设和国防建设的整体支撑能力。深度参与质量基础设施国际治理,积极参加国际规则制定和国际组织活动,推动计量、标准、合格评定等国际互认和境外推广应用,加快我国质量基础设施国际化步伐。

(二十一)提升公共技术服务能力

加快国家质检中心、国家产业计量测试中心、国家技术标准创新基地、国家检测重点实验室等公共技术服务平台建设,创新"互联网+质量服务"模式,推进质量技术资源、信息资源、人才资源、设备设施向社会共享开放,开展一站式服务,为产业发展提供全生命周期的技术支持。加快培育产业计量测试、标准化服务、检验检测认证服务、品牌咨询等新兴质量服务业态,为大众创业、万众创新提供优质公共技术服务。加快与"一带一路"沿线国家和地区共建共享质量基础设施,推动互联互通。

(二十二)健全完善技术性贸易措施体系

加强对国外重大技术性贸易措施的跟踪、研判、预警、评议和应对,妥善化解贸易摩擦,帮助企业规避风险,切实维护企业合法权益。加强技术性贸易措施信息服务,建设一批研究评议基地,建立统一的国家技术性贸易措施公共信息和技术服务平台。利用技术性贸易措施,倒逼企业按照更高技术标准提升产品质量和产业层次,不断提高国际市场竞争力。建立贸易争端预警机制,积极主导、参与技术性贸易措施相关国际规则和标准的制定。

五、改革完善质量发展政策和制度

(二十三)加强质量制度建设

坚持促发展和保底线并重,加强质量促进的立法研究,强化对质量创新的鼓励、引导、保护。研究修订产品质量法,建立商品质量惩罚性赔偿制度。研究服务业质量管理、产品质量担保、缺陷产品召回等领域立法工作。改革工业产品生产许可证制度,全面清理工业产品生产许可证,加快向国际通行的产品认证制度转变。建立完善产品质量安全事故强制报告制度、产品质量安全风险监控及风险调查制度。建立健全产品损害赔偿、产品质量安全责任保险和社会帮扶并行发展的多元救济机制。加快推进质量诚信体系建设,完善质量守信联合激励和失信联合惩戒制度。

(二十四)加大财政金融扶持力度

完善质量发展经费多元筹集和保障机制,鼓励和引导更多资金投向质量攻关、质量创新、质量治理、质量基础设施建设。国家科技计划持续支持国家质量基础的共性技术研究和应用重点研发任务。实施好首台(套)重大技术装备保险补偿机制。构建质量增信融资体系,探索以质量综合竞争力为核心的质量增信融资制度,将质量水平、标准水平、品牌价值等纳入企业信用评价指标和贷款发放参考因素。加大产品质量保险推广力度,支持企业运用保险手段促进产品质量提升和新产品推广应用。

推动形成优质优价的政府采购机制。鼓励政府部门向社会力量购买优质服务。加强政府采购需求确定和采购活动组织管理,将质量、服务、安全等要求贯彻到采购文件制定、评审活动、采购合同签订全过程,形成保障质量和安全的政府采购机制。严格采购项目履约验收,切实把好产品和服务质量关。加强联合惩戒,依法限制严重质量违法失信企业参与政府采购活动。建立军民融合采购制度,吸纳扶持优质民口企业进入军事供应链体系,拓宽企业质量发展空间。

(二十五)健全质量人才教育培养体系

将质量教育纳入全民教育体系。加强中小学质量教育,开展质量主题实践活动。推进高等教育人才培养质量,加强质量相关学科、专业和课程建设。加强职业教育技术技能人才培养质量,推动企业和职业院校成为质量人才培养的主体,推广现代学徒制和企业新型学徒制。推动建立高等学校、科研院所、行业协会和企业共同参与的质量教育网络。实施企业质量素质提升工程,研究建立质量工程技术人员评价制度,全面提高企业经营管理者、一线员工的质量意识和水平。加强人才梯队建设,实施青年职业能力提升计划,完善技术技能人才培养培训工作体系,培育众多"中国工匠"。发挥各级工会组织和共青团组织作用,开展劳动和技能竞赛、青年质量提升示范岗创建、青年质量控制小组实践等活动。

(二十六)健全质量激励制度

完善国家质量激励政策,继续开展国家质量奖评选表彰,树立质量标杆,弘扬质量先进。加大对政府质量奖获奖企业在金融、信贷、项目投资等方面的支持力度。建立政府质量奖获奖企业和个人先进质量管理经验的长效宣传推广机制,形成中国特色质量管理模式和体系。研究制定技术技能人才激励办法,探索建立企业首席技师制度,降低职业技能型人才落户门槛。

六、切实加强组织领导

(二十七)实施质量强国战略

坚持以提高发展质量和效益为中心,加快建设质量强国。研究编制质量强国战略纲要,明确质量发展目标任务,统筹各方资源,推动中国制造向中国创造转变、中国速度向中国质量转变、中国产品向中国品牌转变。持续开展质量强省、质量强市、质量强县示范活动,走出一条中国特色质量发展道路。

(二十八)加强党对质量工作领导

健全质量工作体制机制,完善研究质量强国战略、分析质量发展形势、决定质量方针政策的工作机制,建立"党委领导、政府主导、部门联合、企业主责、社会参与"的质量工作格局。加强对质量发展的统筹规划和组织领导,建立健全领导体制和协调机制,统筹质量发展规划制定、质量强国建设、质量品牌发展、质量基础建设。地方各级党委和政府要将质量工作摆到重要议事日程,加强质量管理和队伍能力建设,认真落实质量工作责任制。强化市、县政府质量监管职责,构建统一权威的质量工作体制机制。

(二十九)狠抓督察考核

探索建立中央质量督察工作机制,强化政府质量工作考核,将质量工作考核结果作为各级党委和政府领导班子及有关领导干部综合考核评价的重要内容。以全要素生产率、质量竞争力指数、公共服务质量满意度等为重点,探索构建符合创新、协调、绿色、开放、共享发展理念的新型质量统计评价体系。健全质量统计分析制度,定期发布质量状况分析报告。

(三十)加强宣传动员

大力宣传党和国家质量工作方针政策,深入报道我国提升质量的丰富实践、重大成就、先进典型,讲好中国质量故事,推介中国质量品牌,塑造中国质量形象。将质量文化作为社会主义核心价值观教育的重要内容,加强质量公益宣传,提高全社会质量、诚信、责任意识,丰富质量文化内涵,促进质量文化传承发展。把质量发展纳入党校、行政学院和各类干部培训院校教学计划,让质量第一成为各级党委和政府的根本理念,成为领导干部工作责任,成为全社会、全民族的价值追求和时代精神。

各地区各部门要认真落实本意见精神,结合实际研究制定实施方案,抓紧出台推动质量提升的具体政策措施,明确责任分工和时间进度要求,确保各项工作举措和要求落实到位。要组织相关行业和领域,持续深入开展质量提升行动,切实提升质量总体水平。

附录八　建设工程质量检测管理办法

(2005年8月23日经第71次建设部常务会议讨论通过,2005年11月1日建设部令第141号发布施行;根据2015年5月4日《住房和城乡建设部关于修改〈房地产开发企业资质管理规定〉等部门规章的决定》(住房和城乡建设部令第24号)修订)

第一条　为了加强对建设工程质量检测的管理,根据《中华人民共和国建筑法》、《建设工程质量管理条例》,制定本办法。

第二条　申请从事对涉及建筑物、构筑物结构安全的试块、试件以及有关材料检测的工程质量检测机构资质,实施对建设工程质量检测活动的监督管理,应当遵守本办法。

本办法所称建设工程质量检测(以下简称质量检测),是指工程质量检测机构(以下简称检测机构)接受委托,依据国家有关法律、法规和工程建设强制性标准,对涉及结构安全项目的抽样检测和对进入施工现场的建筑材料、构配件的见证取样检测。

第三条　国务院建设主管部门负责对全国质量检测活动实施监督管理,并负责制定检测机构资质标准。

省、自治区、直辖市人民政府建设主管部门负责对本行政区域内的质量检测活动实施监督管理,并负责检测机构的资质审批。

市、县人民政府建设主管部门负责对本行政区域内的质量检测活动实施监督管理。

第四条　检测机构是具有独立法人资格的中介机构。检测机构从事本办法附件一规定的质量检测业务,应当依据本办法取得相应的资质证书。

检测机构资质按照其承担的检测业务内容分为专项检测机构资质和见证取样检测机构资质。检测机构资质标准由附件二规定。

检测机构未取得相应的资质证书,不得承担本办法规定的质量检测业务。

第五条　申请检测资质的机构应当向省、自治区、直辖市人民政府建设主管部门提交下列申请材料:

(一)《检测机构资质申请表》一式三份;

(二)工商营业执照原件及复印件;

(三)与所申请检测资质范围相对应的计量认证证书原件及复印件;

(四)主要检测仪器、设备清单;

(五)技术人员的职称证书、身份证和社会保险合同的原件及复印件;

(六)检测机构管理制度及质量控制措施。

《检测机构资质申请表》由国务院建设主管部门制定式样。

第六条　省、自治区、直辖市人民政府建设主管部门在收到申请人的申请材料后,应当即时作出是否受理的决定,并向申请人出具书面凭证;申请材料不齐全或者不符合法定形式的,应当在5日内一次性告知申请人需要补正的全部内容。逾期不告知的,自收到申请材料之日起即为受理。

省、自治区、直辖市建设主管部门受理资质申请后,应当对申报材料进行审查,自受理之日起20个工作日内审批完毕并作出书面决定。对符合资质标准的,自作出决定之日起10个工作日内颁发《检测机构资质证书》,并报国务院建设主管部门备案。

第七条 《检测机构资质证书》应当注明检测业务范围,分为正本和副本,由国务院建设主管部门制定式样,正、副本具有同等法律效力。

第八条 检测机构资质证书有效期为3年。资质证书有效期满需要延期的,检测机构应当在资质证书有效期满30个工作日前申请办理延期手续。

检测机构在资质证书有效期内没有下列行为的,资质证书有效期届满时,经原审批机关同意,不再审查,资质证书有效期延期3年,由原审批机关在其资质证书副本上加盖延期专用章;检测机构在资质证书有效期内有下列行为之一的,原审批机关不予延期:

(一)超出资质范围从事检测活动的;

(二)转包检测业务的;

(三)涂改、倒卖、出租、出借或者以其他形式非法转让资质证书的;

(四)未按照国家有关工程建设强制性标准进行检测,造成质量安全事故或致使事故损失扩大的;

(五)伪造检测数据,出具虚假检测报告或者鉴定结论的。

第九条 检测机构取得检测机构资质后,不再符合相应资质标准的,省、自治区、直辖市人民政府建设主管部门根据利害关系人的请求或者依据职权,可以责令其限期改正;逾期不改的,可以撤回相应的资质证书。

第十条 任何单位和个人不得涂改、倒卖、出租、出借或者以其他形式非法转让资质证书。

第十一条 检测机构变更名称、地址、法定代表人、技术负责人,应当在3个月内到原审批机关办理变更手续。

第十二条 本办法规定的质量检测业务,由工程项目建设单位委托具有相应资质的检测机构进行检测。委托方与被委托方应当签订书面合同。

检测结果利害关系人对检测结果发生争议的,由双方共同认可的检测机构复检,复检结果由提出复检方报当地建设主管部门备案。

第十三条 质量检测试样的取样应当严格执行有关工程建设标准和国家有关规定,在建设单位或者工程监理单位监督下现场取样。提供质量检测试样的单位和个人,应当对试样的真实性负责。

第十四条 检测机构完成检测业务后,应当及时出具检测报告。检测报告经检测人员签字、检测机构法定代表人或者其授权的签字人签署,并加盖检测机构公章或者检测专用章后方可生效。检测报告经建设单位或者工程监理单位确认后,由施工单位归档。

见证取样检测的检测报告中应当注明见证人单位及姓名。

第十五条 任何单位和个人不得明示或者暗示检测机构出具虚假检测报告,不得篡改或者伪造检测报告。

第十六条 检测人员不得同时受聘于两个或者两个以上的检测机构。

检测机构和检测人员不得推荐或者监制建筑材料、构配件和设备。

检测机构不得与行政机关,法律、法规授权的具有管理公共事务职能的组织以及所检测工程项目相关的设计单位、施工单位、监理单位有隶属关系或者其他利害关系。

第十七条 检测机构不得转包检测业务。

检测机构跨省、自治区、直辖市承担检测业务的,应当向工程所在地的省、自治区、直辖市人民政府建设主管部门备案。

第十八条 检测机构应当对其检测数据和检测报告的真实性和准确性负责。

检测机构违反法律、法规和工程建设强制性标准,给他人造成损失的,应当依法承担相应的赔偿责任。

第十九条 检测机构应当将检测过程中发现的建设单位、监理单位、施工单位违反有关法律、法规和工程建设强制性标准的情况,以及涉及结构安全检测结果的不合格情况,及时报告工程所在地建设主管部门。

第二十条 检测机构应当建立档案管理制度。检测合同、委托单、原始记录、检测报告应当按年度统一编号,编号应当连续,不得随意抽撤、涂改。

检测机构应当单独建立检测结果不合格项目台账。

第二十一条 县级以上地方人民政府建设主管部门应当加强对检测机构的监督检查,主要检查下列内容:

(一)是否符合本办法规定的资质标准;

(二)是否超出资质范围从事质量检测活动;

(三)是否有涂改、倒卖、出租、出借或者以其他形式非法转让资质证书的行为;

(四)是否按规定在检测报告上签字盖章,检测报告是否真实;

(五)检测机构是否按有关技术标准和规定进行检测;

(六)仪器设备及环境条件是否符合计量认证要求;

(七)法律、法规规定的其他事项。

第二十二条 建设主管部门实施监督检查时,有权采取下列措施:

(一)要求检测机构或者委托方提供相关的文件和资料;

(二)进入检测机构的工作场地(包括施工现场)进行抽查;

(三)组织进行比对试验以验证检测机构的检测能力;

(四)发现有不符合国家有关法律、法规和工程建设标准要求的检测行为时,责令改正。

第二十三条 建设主管部门在监督检查中为收集证据的需要,可以对有关试样和检测资料采取抽样取证的方法;在证据可能灭失或者以后难以取得的情况下,经部门负责人批准,可以先行登记保存有关试样和检测资料,并应当在7日内及时作出处理决定,在此期间,当事人或者有关人员不得销毁或者转移有关试样和检测资料。

第二十四条 县级以上地方人民政府建设主管部门,对监督检查中发现的问题应当按规定权限进行处理,并及时报告资质审批机关。

第二十五条 建设主管部门应当建立投诉受理和处理制度,公开投诉电话号码、通讯地址和电子邮件信箱。

检测机构违反国家有关法律、法规和工程建设标准规定进行检测的,任何单位和个人都有权向建设主管部门投诉。建设主管部门收到投诉后,应当及时核实并依据本办法对检测机构作出相应的处理决定,于 30 日内将处理意见答复投诉人。

第二十六条 违反本办法规定,未取得相应的资质,擅自承担本办法规定的检测业务的,其检测报告无效,由县级以上地方人民政府建设主管部门责令改正,并处 1 万元以上 3 万元以下的罚款。

第二十七条 检测机构隐瞒有关情况或者提供虚假材料申请资质的,省、自治区、直辖市人民政府建设主管部门不予受理或者不予行政许可,并给予警告,1 年之内不得再次申请资质。

第二十八条 以欺骗、贿赂等不正当手段取得资质证书的,由省、自治区、直辖市人民政府建设主管部门撤销其资质证书,3 年内不得再次申请资质证书;并由县级以上地方人民政府建设主管部门处以 1 万元以上 3 万元以下的罚款;构成犯罪的,依法追究刑事责任。

第二十九条 检测机构违反本办法规定,有下列行为之一的,由县级以上地方人民政府建设主管部门责令改正,可并处 1 万元以上 3 万元以下的罚款;构成犯罪的,依法追究刑事责任:

(一)超出资质范围从事检测活动的;

(二)涂改、倒卖、出租、出借、转让资质证书的;

(三)使用不符合条件的检测人员的;

(四)未按规定上报发现的违法违规行为和检测不合格事项的;

(五)未按规定在检测报告上签字盖章的;

(六)未按照国家有关工程建设强制性标准进行检测的;

(七)档案资料管理混乱,造成检测数据无法追溯的;

(八)转包检测业务的。

第三十条 检测机构伪造检测数据,出具虚假检测报告或者鉴定结论的,县级以上地方人民政府建设主管部门给予警告,并处 3 万元罚款;给他人造成损失的,依法承担赔偿责任;构成犯罪的,依法追究其刑事责任。

第三十一条 违反本办法规定,委托方有下列行为之一的,由县级以上地方人民政府建设主管部门责令改正,处 1 万元以上 3 万元以下的罚款:

(一)委托未取得相应资质的检测机构进行检测的;

(二)明示或暗示检测机构出具虚假检测报告,篡改或伪造检测报告的;

(三)弄虚作假送检试样的。

第三十二条 依照本办法规定,给予检测机构罚款处罚的,对检测机构的法定代表人和其他直接责任人员处罚款数额 5% 以上 10% 以下的罚款。

第三十三条 县级以上人民政府建设主管部门工作人员在质量检测管理工作中,有下列情形之一的,依法给予行政处分;构成犯罪的,依法追究刑事责任:

(一)对不符合法定条件的申请人颁发资质证书的;

(二)对符合法定条件的申请人不予颁发资质证书的;

（三）对符合法定条件的申请人未在法定期限内颁发资质证书的；

（四）利用职务上的便利，收受他人财物或者其他好处的；

（五）不依法履行监督管理职责，或者发现违法行为不予查处的。

第三十四条　检测机构和委托方应当按照有关规定收取、支付检测费用。没有收费标准的项目由双方协商收取费用。

第三十五条　水利工程、铁道工程、公路工程等工程中涉及结构安全的试块、试件及有关材料的检测按照有关规定，可以参照本办法执行。节能检测按照国家有关规定执行。

第三十六条　本规定自2005年11月1日起施行。

附件一：

质量检测的业务内容

一、专项检测

（一）地基基础工程检测

1. 地基及复合地基承载力静载检测；

2. 桩的承载力检测；

3. 桩身完整性检测；

4. 锚杆锁定力检测。

（二）主体结构工程现场检测

1. 混凝土、砂浆、砌体强度现场检测；

2. 钢筋保护层厚度检测；

3. 混凝土预制构件结构性能检测；

4. 后置埋件的力学性能检测。

（三）建筑幕墙工程检测

1. 建筑幕墙的气密性、水密性、风压变形性能、层间变位性能检测；

2. 硅酮结构胶相容性检测。

（四）钢结构工程检测

1. 钢结构焊接质量无损检测；

2. 钢结构防腐及防火涂装检测；

3. 钢结构节点、机械连接用紧固标准件及高强度螺栓力学性能检测；

4. 钢网架结构的变形检测。

二、见证取样检测

1. 水泥物理力学性能检验；

2. 钢筋（含焊接与机械连接）力学性能检验；

3. 砂、石常规检验；

4. 混凝土、砂浆强度检验；

5. 简易土工试验；

6. 混凝土掺加剂检验；

7. 预应力钢绞线、锚夹具检验；

8. 沥青、沥青混合料检验。

附件二：

检测机构资质标准

一、专项检测机构和见证取样检测机构应满足下列基本条件：

（一）专项检测机构的注册资本不少于 100 万元人民币，见证取样检测机构不少于 80 万元人民币；

（二）所申请检测资质对应的项目应通过计量认证；

（三）有质量检测、施工、监理或设计经历，并接受了相关检测技术培训的专业技术人员不少于 10 人；边远的县（区）的专业技术人员可不少于 6 人；

（四）有符合开展检测工作所需的仪器、设备和工作场所；其中，使用属于强制检定的计量器具，要经过计量检定合格后，方可使用；

（五）有健全的技术管理和质量保证体系。

二、专项检测机构除应满足基本条件外，还需满足下列条件：

（一）地基基础工程检测类

专业技术人员中从事工程桩检测工作 3 年以上并具有高级或者中级职称的不得少于 4 名，其中 1 人应当具备注册岩土工程师资格。

（二）主体结构工程检测类

专业技术人员中从事结构工程检测工作 3 年以上并具有高级或者中级职称的不得少于 4 名，其中 1 人应当具备二级注册结构工程师资格。

（三）建筑幕墙工程检测类

专业技术人员中从事建筑幕墙检测工作 3 年以上并具有高级或者中级职称的不得少于 4 名。

（四）钢结构工程检测类

专业技术人员中从事钢结构机械连接检测、钢网架结构变形检测工作 3 年以上并具有高级或者中级职称的不得少于 4 名，其中 1 人应当具备二级注册结构工程师资格。

三、见证取样检测机构除应满足基本条件外，专业技术人员中从事检测工作 3 年以上并具有高级或者中级职称的不得少于 3 名；边远的县（区）可不少于 2 人。

附录九 水利工程质量管理规定

(1997年12月21日,水利部令第7号发布施行,根据2017年12月22日《水利部关于废止和修改部分规章的决定》(水利部令第49号)修改)

第一章 总 则

第一条 根据《建筑法》《建设工程质量管理条例》等有关规定,为了加强对水利工程的质量管理,保证工程质量,制定本规定。

第二条 凡在中华人民共和国境内从事水利工程建设活动的单位(包括项目法人(建设单位)、监理、设计、施工等单位)或个人,必须遵守本规定。

第三条 本规定所称水利工程是指由国家投资、中央和地方合资、地方投资以及其他投资方式兴建的防洪、除涝、灌溉、水力发电、供水、围垦等(包括配套与附属工程)各类水利工程。

第四条 本规定所称水利工程质量是指在国家和水利行业现行的有关法律、法规、技术标准和批准的设计文件及工程合同中,对兴建的水利工程的安全、适用、经济、美观等特性的综合要求。

第五条 水利部负责全国水利工程质量管理工作。

各流域机构负责本流域由流域机构管辖的水利工程的质量管理工作,指导地方水行政主管部门的质量管理工作。

各省、自治区、直辖市水行政主管部门负责本行政区域内水利工程质量管理工作。

第六条 水利工程质量实行项目法人(建设单位)负责、监理单位控制、施工单位保证和政府监督相结合的质量管理体制。

水利工程质量由项目法人(建设单位)负全面责任。监理、施工、设计单位按照合同及有关规定对各自承担的工作负责。质量监督机构履行政府部门监督职能,不代替项目法人(建设单位)、监理、设计、施工单位的质量管理工作。水利工程建设各方均有责任和权利向有关部门和质量监督机构反映工程质量问题。

第七条 水利工程项目法人(建设单位)、监理、设计、施工等单位的负责人,对本单位的质量工作负领导责任。各单位在工程现场的项目负责人对本单位在工程现场的质量工作负直接领导责任。各单位的工程技术负责人对质量工作负技术责任。具体工作人员为直接责任人。

第八条 水利工程建设各单位要积极推行全面质量管理,采用先进的质量管理模式和管理手段,推广先进的科学技术和施工工艺,依靠科技进步和加强管理,努力创建优质工程,不断提高工程质量。

各级水行政主管部门要对提高工程质量做出贡献的单位和个人实行奖励。

第九条 水利工程建设各单位要加强质量法制教育,增强质量法制观念,把提高劳动者的素质作为提高质量的重要环节,加强对管理人员和职工的质量意识和质量管理知识的教育,建立和完善质量管理的激励机制,积极开展群众性质量管理和合理化建议活动。

第二章 工程质量监督管理

第十条 政府对水利工程的质量实行监督的制度。

水利工程按照分级管理的原则由相应水行政主管部门授权的质量监督机构实施质量监督。

第十一条 各级水利工程质量监督机构,必须建立健全质量监督工作机制,完善监督手段,增强质量监督的权威性和有效性。

各级水利工程质量监督机构,要加强对贯彻执行国家和水利部有关质量法规、规范情况的检查,坚决查处有法不依、执法不严、违法不究以及滥用职权的行为。

第十二条 水利工程质量监督机构负责监督设计、监理、施工单位在其资质等级允许范围内从事水利工程建设的质量工作;负责检查、督促建设、监理、设计、施工单位建立健全质量体系。

水利工程质量监督机构,按照国家和水利行业有关工程建设法规、技术标准和设计文件实施工程质量监督,对施工现场影响工程质量的行为进行监督检查。

第十三条 水利工程质量监督实施以抽查为主的监督方式,运用法律和行政手段,做好监督抽查后的处理工作。工程竣工验收前,质量监督机构应对工程质量结论进行核备。未经质量核备的工程,项目法人不得报验,工程主管部门不得验收。

第十四条 根据需要,质量监督机构可委托具有相应资质的检测单位,对水利工程有关部位以及所采用的建筑材料和工程设备进行抽样检测。

第三章 项目法人(建设单位)质量管理

第十五条 项目法人(建设单位)应根据国家和水利部有关规定依法设立,主动接受水利工程质量监督机构对其质量体系的监督检查。

第十六条 项目法人(建设单位)应根据工程规模和工程特点,按照水利部有关规定,通过资质审查招标选择勘测设计、施工、监理单位并实行合同管理。在合同文件中,必须有工程质量条款,明确图纸、资料、工程、材料、设备等的质量标准及合同双方的质量责任。

第十七条 项目法人(建设单位)要加强工程质量管理,建立健全施工质量检查体系,根据工程特点建立质量管理机构和质量管理制度。

第十八条 项目法人(建设单位)在工程开工前,应按规定向水利工程质量监督机构办理工程质量监督手续。在工程施工过程中,应主动接受质量监督机构对工程质量的监督检查。

第十九条 项目法人(建设单位)应组织设计和施工单位进行设计交底;施工中应对工程质量进行检查,工程完工后,应及时组织有关单位进行工程质量验收、签证。

第四章 监理单位质量管理

第二十条 监理单位必须持有水利部颁发的监理单位资格等级证书,依照核定的监理范围承担相应水利工程的监理任务。监理单位必须接受水利工程质量监督机构对其监理资格质量检查体系及质量监理工作的监督检查。

第二十一条 监理单位必须严格执行国家法律、水利行业法规、技术标准,严格履行监理合同。

第二十二条 监理单位根据所承担的监理任务向水利工程施工现场派出相应的监理机构,人员配备必须满足项目要求。监理工程师应当持证上岗。

第二十三条 监理单位应根据监理合同参与招标工作,从保证工程质量全面履行工程承建合同出发,签发施工图纸;审查施工单位的施工组织设计和技术措施;指导监督合同中有关质量标准、要求的实施;参加工程质量检查、工程质量事故调查处理和工程验收工作。

第五章 设计单位质量管理

第二十四条 设计单位必须按其资质等级及业务范围承担勘测设计任务,并应主动接受水利工程质量监督机构对其资质等级及质量体系的监督检查。

第二十五条 设计单位必须建立健全设计质量保证体系,加强设计过程质量控制,健全设计文件的审核、会签批准制度,做好设计文件的技术交底工作。

第二十六条 设计文件必须符合下列基本要求:

(一)设计文件应当符合国家、水利行业有关工程建设法规、工程勘测设计技术规程、标准和合同的要求。

(二)设计依据的基本资料应完整、准确、可靠,设计论证充分,计算成果可靠。

(三)设计文件的深度应满足相应设计阶段有关规定要求,设计质量必须满足工程质量、安全需要并符合设计规范的要求。

第二十七条 设计单位应按合同规定及时提供设计文件及施工图纸,在施工过程中要随时掌握施工现场情况,优化设计,解决有关设计问题。对大中型工程,设计单位应按合同规定在施工现场设立设计代表机构或派驻设计代表。

第二十八条 设计单位应按水利部有关规定在阶段验收、单位工程验收和竣工验收中,对施工质量是否满足设计要求提出评价意见。

第六章 施工单位质量管理

第二十九条 施工单位必须按其资质等级和业务范围承揽工程施工任务,接受水利工程质量监督机构对其资质和质量保证体系的监督检查。

第三十条 施工单位必须依据国家、水利行业有关工程建设法规、技术规程、技术标准的规定以及设计文件和施工合同的要求进行施工,并对其施工的工程质量负责。

第三十一条 施工单位不得将其承接的水利建设项目的主体工程进行转包。对工程的分包,分包单位必须具备相应资质等级,并对其分包工程的施工质量向总包单位负责,总包单位对全部工程质量向项目法人(建设单位)负责。工程分包必须经过项目法人(建设单位)的认可。

第三十二条 施工单位要推行全面质量管理,建立健全质量保证体系,制定和完善岗位质量规范、质量责任及考核办法,落实质量责任制。在施工过程中要加强质量检验工作,认真执行"三检制",切实做好工程质量的全过程控制。

第三十三条　工程发生质量事故,施工单位必须按照有关规定向监理单位、项目法人(建设单位)及有关部门报告,并保护好现场,接受工程质量事故调查,认真进行事故处理。

第三十四条　竣工工程质量必须符合国家和水利行业现行的工程标准及设计文件要求,并应向项目法人(建设单位)提交完整的技术档案、试验成果及有关资料。

第七章　建筑材料、设备采购的质量管理和工程保修

第三十五条　建筑材料和工程设备的质量由采购单位承担相应责任。凡进入施工现场的建筑材料和工程设备均应按有关规定进行检验。经检验不合格的产品不得用于工程。

第三十六条　建筑材料和工程设备的采购单位具有按合同规定自主采购的权利,其他单位或个人不得干预。

第三十七条　建筑材料或工程设备应当符合下列要求:

(一)有产品质量检验合格证明;

(二)有中文标明的产品名称、生产厂名和厂址;

(三)产品包装和商标式样符合国家有关规定和标准要求;

(四)工程设备应有产品详细的使用说明书,电气设备还应附有线路图;

(五)实施生产许可证或实行质量认证的产品,应当具有相应的许可证或认证证书。

第三十八条　水利工程保修期从通过单项合同工程完工验收之日算起,保修期限按法律法规和合同约定执行。

工程质量出现永久性缺陷的,承担责任的期限不受以上保修期限制。

第三十九条　水利工程在规定的保修期内,出现工程质量问题,一般由原施工单位承担保修,所需费用由责任方承担。

第八章　罚　则

第四十条　水利工程发生重大工程质量事故,应严肃处理。对责任单位予以通报批评、降低资质等级或收缴资质证书;对责任人给予行政纪律处分,构成犯罪的,移交司法机关进行处理。

第四十一条　因水利工程质量事故造成人身伤亡及财产损失的,责任单位应按有关规定,给予受损方经济赔偿。

第四十二条　项目法人(建设单位)有下列行为之一的,由其主管部门予以通报批评或其他纪律处理。

(一)未按规定选择相应资质等级的勘测设计、施工、监理单位的;

(二)未按规定办理工程质量监督手续的;

(三)未按规定及时进行已完工程验收就进行下一阶段施工和未经竣工或阶段验收,而将工程交付使用的;

（四）发生重大工程质量事故没有按有关规定及时向有关部门报告的。

第四十三条 勘测设计、施工、监理单位有下列行为之一的,根据情节轻重,予以通报批评、降低资质等级直至收缴资质证书,经济处理按合同规定办理,触犯法律的,按国家有关法律处理:

（一）无证或超越资质等级承接任务的;

（二）不接受水利工程质量监督机构监督的;

（三）设计文件不符合本规定第二十七条要求的;

（四）竣工交付使用的工程不符合本规定第三十五条要求的;

（五）未按规定实行质量保修的;

（六）使用未经检验或检验不合格的建筑材料和工程设备,或在工程施工中粗制滥造、偷工减料、伪造记录的;

（七）发生重大工程质量事故没有及时按有关规定向有关部门报告的;

（八）工程质量等级评定为不合格,或者工程需加固、拆除的。

第四十四条 检测单位伪造检验数据或伪造检验结论的,根据情节轻重,予以通报批评、降低资质等级直至收缴资质证书。因伪造行为造成严重后果的,按国家有关规定处理。

第四十五条 对不认真履行水利工程质量监督职责的质量监督机构,由相应水行政主管部门或其上一级水利工程质量监督机构给予通报批评、撤换负责人或撤销授权并进行机构改组。

从事工程质量监督的工作人员执法不严,违法不究或者滥用职权、贪污受贿,由其所在单位或上级主管部门给予行政处分,构成犯罪的,依法追究刑事责任。

第九章 附 则

第四十六条 本规定由水利部负责解释。

第四十七条 本规定自发布之日起施行。

附录十　水利工程质量检测管理规定

（2008年11月3日，水利部令第36号发布；根据2017年12月22日《水利部关于废止和修改部分规章的决定》修正，根据2019年5月10日《水利部关于修改部分规章的决定》第二次修正）

第一条　为加强水利工程质量检测管理，规范水利工程质量检测行为，根据《建设工程质量管理条例》、《国务院对确需保留的行政审批项目设定行政许可的决定》，制定本规定。

第二条　从事水利工程质量检测活动以及对水利工程质量检测实施监督管理，适用本规定。

本规定所称水利工程质量检测（以下简称质量检测），是指水利工程质量检测单位（以下简称检测单位）依据国家有关法律、法规和标准，对水利工程实体以及用于水利工程的原材料、中间产品、金属结构和机电设备等进行的检查、测量、试验或者度量，并将结果与有关标准、要求进行比较以确定工程质量是否合格所进行的活动。

第三条　检测单位应当按照本规定取得资质，并在资质等级许可的范围内承担质量检测业务。

检测单位资质分为岩土工程、混凝土工程、金属结构、机械电气和量测共5个类别，每个类别分为甲级、乙级2个等级。检测单位资质等级标准由水利部另行制定并向社会公告。

取得甲级资质的检测单位可以承担各等级水利工程的质量检测业务。大型水利工程（含一级堤防）主要建筑物以及水利工程质量与安全事故鉴定的质量检测业务，必须由具有甲级资质的检测单位承担。取得乙级资质的检测单位可以承担除大型水利工程（含一级堤防）主要建筑物以外的其他各等级水利工程的质量检测业务。

前款所称主要建筑物是指失事以后将造成下游灾害或者严重影响工程功能和效益的建筑物，如堤坝、泄洪建筑物、输水建筑物、电站厂房和泵站等。

第四条　从事水利工程质量检测的专业技术人员（以下简称检测人员），应当具备相应的质量检测知识和能力，并按照国家职业资格管理的规定取得从业资格。

第五条　水利部负责审批检测单位甲级资质；省、自治区、直辖市人民政府水行政主管部门负责审批检测单位乙级资质。

检测单位资质原则上采用集中审批方式，受理时间由审批机关提前三个月向社会公告。

第六条　检测单位应当向审批机关提交下列申请材料：

（一）《水利工程质量检测单位资质等级申请表》；

（二）计量认证资质证书和证书附表复印件；

（三）主要试验检测仪器、设备清单；

（四）主要负责人、技术负责人的职称证书复印件；

(五)管理制度及质量控制措施。

具有乙级资质的检测单位申请甲级资质的,还需提交近三年承担质量检测业务的业绩及相关证明材料。

检测单位可以同时申请不同专业类别的资质。

第七条 审批机关收到检测单位的申请材料后,应当依法作出是否受理的决定,并向检测单位出具书面凭证;申请材料不齐全或者不符合法定形式的,应当在 5 日内一次告知检测单位需要补正的全部内容。

审批机关应当在法定期限内作出批准或者不予批准的决定。听证、专家评审及公示所需时间不计算在法定期限内,行政机关应当将所需时间书面告知申请人。决定予以批准的,颁发《水利工程质量检测单位资质等级证书》(以下简称《资质等级证书》);不予批准的,应当书面通知检测单位并说明理由。

第八条 审批机关在作出决定前,应当组织对申请材料进行评审,必要时可以组织专家进行现场评审,并将评审结果公示,公示时间不少于 7 日。

第九条 《资质等级证书》有效期为 3 年。有效期届满,需要延续的,检测单位应当在有效期届满 30 日前,向原审批机关提出申请。原审批机关应当在有效期届满前作出是否延续的决定。

原审批机关应当重点核查检测单位仪器设备、检测人员、场所的变动情况,检测工作的开展情况以及质量保证体系的执行情况,必要时,可以组织专家进行现场核查。

第十条 检测单位变更名称、地址、法定代表人、技术负责人的,应当自发生变更之日起 60 日内到原审批机关办理资质等级证书变更手续。

第十一条 检测单位发生分立的,应当按照本规定重新申请资质等级。

第十二条 任何单位和个人不得涂改、倒卖、出租、出借或者以其他形式非法转让《资质等级证书》。

第十三条 检测单位应当建立健全质量保证体系,采用先进、实用的检测设备和工艺,完善检测手段,提高检测人员的技术水平,确保质量检测工作的科学、准确和公正。

第十四条 检测单位不得转包质量检测业务;未经委托方同意,不得分包质量检测业务。

第十五条 检测单位应当按照国家和行业标准开展质量检测活动;没有国家和行业标准的,由检测单位提出方案,经委托方确认后实施。

检测单位违反法律、法规和强制性标准,给他人造成损失的,应当依法承担赔偿责任。

第十六条 质量检测试样的取样应当严格执行国家和行业标准以及有关规定。

提供质量检测试样的单位和个人,应当对试样的真实性负责。

第十七条 检测单位应当按照合同和有关标准及时、准确地向委托方提交质量检测报告并对质量检测报告负责。

任何单位和个人不得明示或者暗示检测单位出具虚假质量检测报告,不得篡改或者伪造质量检测报告。

第十八条 检测单位应当将存在工程安全问题、可能形成质量隐患或者影响工程正常运行的检测结果以及检测过程中发现的项目法人(建设单位)、勘测设计单位、施工单位、监理单位违反法律、法规和强制性标准的情况,及时报告委托方和具有管辖权的水行政主管部门或者流域管理机构。

　　第十九条　检测单位应当建立档案管理制度。检测合同、委托单、原始记录、质量检测报告应当按年度统一编号,编号应当连续,不得随意抽撤、涂改。

　　检测单位应当单独建立检测结果不合格项目台账。

　　第二十条　检测人员应当按照法律、法规和标准开展质量检测工作,并对质量检测结果负责。

　　第二十一条　县级以上人民政府水行政主管部门应当加强对检测单位及其质量检测活动的监督检查,主要检查下列内容:

　　(一)是否符合资质等级标准;

　　(二)是否有涂改、倒卖、出租、出借或者其他形式非法转让《资质等级证书》的行为;

　　(三)是否存在转包、违规分包检测业务及租借、挂靠资质等违规行为;

　　(四)是否按照有关标准和规定进行检测;

　　(五)是否按照规定在质量检测报告上签字盖章,质量检测报告是否真实;

　　(六)仪器设备的运行、检定和校准情况;

　　(七)法律、法规规定的其他事项。

　　流域管理机构应当加强对所管辖的水利工程的质量检测活动的监督检查。

　　第二十二条　县级以上人民政府水行政主管部门和流域管理机构实施监督检查时,有权采取下列措施:

　　(一)要求检测单位或者委托方提供相关的文件和资料;

　　(二)进入检测单位的工作场地(包括施工现场)进行抽查;

　　(三)组织进行比对试验以验证检测单位的检测能力;

　　(四)发现有不符合国家有关法律、法规和标准的检测行为时,责令改正。

　　第二十三条　县级以上人民政府水行政主管部门和流域管理机构在监督检查中,可以根据需要对有关试样和检测资料采取抽样取证的方法;在证据可能灭失或者以后难以取得的情况下,经负责人批准,可以先行登记保存,并在5日内作出处理,在此期间,当事人和其他有关人员不得销毁或者转移试样和检测资料。

　　第二十四条　违反本规定,未取得相应的资质,擅自承担检测业务的,其检测报告无效,由县级以上人民政府水行政主管部门责令改正,可并处1万元以上3万元以下的罚款。

　　第二十五条　隐瞒有关情况或者提供虚假材料申请资质的,审批机关不予受理或者不予批准,并给予警告或者通报批评,二年之内不得再次申请资质。

　　第二十六条　以欺骗、贿赂等不正当手段取得《资质等级证书》的,由审批机关予以撤销,3年内不得再次申请,可并处1万元以上3万元以下的罚款;构成犯罪的,依法追究刑事责任。

　　第二十七条　检测单位违反本规定,有下列行为之一的,由县级以上人民政府水行政主管部门责令改正,有违法所得的,没收违法所得,可并处1万元以上3万元以下的罚款;

构成犯罪的,依法追究刑事责任:

（一）超出资质等级范围从事检测活动的;

（二）涂改、倒卖、出租、出借或者以其他形式非法转让《资质等级证书》的;

（三）使用不符合条件的检测人员的;

（四）未按规定上报发现的违法违规行为和检测不合格事项的;

（五）未按规定在质量检测报告上签字盖章的;

（六）未按照国家和行业标准进行检测的;

（七）档案资料管理混乱,造成检测数据无法追溯的;

（八）转包、违规分包检测业务的。

第二十八条　检测单位伪造检测数据,出具虚假质量检测报告的,由县级以上人民政府水行政主管部门给予警告,并处3万元罚款;给他人造成损失的,依法承担赔偿责任;构成犯罪的,依法追究刑事责任。

第二十九条　违反本规定,委托方有下列行为之一的,由县级以上人民政府水行政主管部门责令改正,可并处1万元以上3万元以下的罚款:

（一）委托未取得相应资质的检测单位进行检测的;

（二）明示或暗示检测单位出具虚假检测报告,篡改或伪造检测报告的;

（三）送检试样弄虚作假的。

第三十条　检测人员从事质量检测活动中,有下列行为之一的,由县级以上人民政府水行政主管部门责令改正,给予警告,可并处1千元以下罚款:

（一）不如实记录,随意取舍检测数据的;

（二）弄虚作假、伪造数据的;

（三）未执行法律、法规和强制性标准的。

第三十一条　县级以上人民政府水行政主管部门、流域管理机构及其工作人员,有下列行为之一的,由其上级行政机关或者监察机关责令改正;情节严重的,对直接负责的主管人员和其他直接责任人员依法给予行政处分;构成犯罪的,依法追究刑事责任:

（一）对符合法定条件的申请不予受理或者不在法定期限内批准的;

（二）对不符合法定条件的申请人签发《资质等级证书》的;

（三）利用职务上的便利,收受他人财物或者其他好处的;

（四）不依法履行监督管理职责,或者发现违法行为不予查处的。

第三十二条　本规定自2009年1月1日起施行。2000年《水利工程质量检测管理规定》(水建管〔2000〕2号)同时废止。

附录十一　水利部关于发布水利工程质量检测单位
资质等级标准的公告

（水利部公告〔2018〕3 号）

根据《水利部关于废止和修改部分规章的决定》（水利部令第 49 号）第二十条"检测单位资质等级标准由水利部另行制定并向社会公告"的要求,我部制定了水利工程质量检测单位资质等级标准,现予以公告。

水利工程质量检测单位资质等级标准自印发之日起施行,其中检测能力要求中新增项目和参数于 2019 年水利工程质量检测单位资质审批时使用。

附件:水利工程质量检测单位资质等级标准

水利部

2018 年 4 月 4 日

附件:

水利工程质量检测单位资质等级标准

水利工程质量检测单位资质分为岩土工程、混凝土工程、金属结构、机械电气和量测 5 个类别,每个类别分为甲级、乙级 2 个等级。

所有类别的人员配备、业绩、管理体系和质量保证体系要求见表 1。各个类别的检测能力要求见表 2。

表 1　人员配备、业绩、管理体系和质量保证体系要求

等级		甲级	乙级
人员配备	技术负责人	具有 10 年以上从事水利水电工程建设相关工作经历,并具有水利水电专业高级以上技术职称	具有 8 年以上从事水利水电工程建设相关工作经历,并具有水利水电专业高级以上技术职称
	检测人员	具有水利工程质量检测员职业资格或者具备水利水电工程及相关专业中级以上技术职称人员不少于 15 人	具有水利工程质量检测员职业资格或者具备水利水电工程及相关专业中级以上技术职称人员不少于 10 人
业绩	延续	近 3 年内至少承担过 3 个大型水利水电工程(含一级堤防)或 6 个中型水利水电工程(含二级堤防)的主要检测任务	
	新申请	近 3 年内至少承担 6 个中型水利水电工程(含二级堤防)的主要检测任务	
管理体系和质量保证体系		有健全的技术管理和质量保证体系,有计量认证资质证书	

表 2　检测能力要求

类别		主要检测项目及参数
岩土工程类	甲级	（一）土工指标检测 15 项 含水率、比重、密度、颗粒级配、相对密度、最大干密度、最优含水率、三轴压缩强度、**直剪强度**、渗透系数、**渗透临界坡降**、压缩系数、有机质含量、**液限、塑限** （二）岩石（体）指标检测 8 项 块体密度、含水率、单轴抗压强度、抗剪强度、弹性模量、岩块声波速度、岩体声波速度、变形模量 （三）基础处理工程检测 12 项 原位密度、标准贯入击数、地基承载力、单桩承载力、桩身完整性、防渗墙墙身完整性、锚索锚固力、锚杆拉拔力、锚杆杆体入孔长度、锚杆注浆饱满度、透水率（压水）、渗透系数（注水） （四）土工合成材料检测 11 项 单位面积质量、厚度、拉伸强度、撕裂强力、圆柱顶破强力、落锥穿透孔径、伸长率、等效孔径、垂直渗透系数、耐静水压力、老化特性
	乙级	（一）土工指标检测 12 项 含水率、比重、密度、颗粒级配、相对密度、最大干密度、最优含水率、渗透系数、**渗透临界坡降、直剪强度、液限、塑限** （二）岩石（体）指标检测 5 项 块体密度、含水率、单轴抗压强度、弹性模量、**变形模量** （三）基础处理工程检测 4 项 原位密度、标准贯入击数、地基承载力、单桩承载力 （四）土工合成材料检测 6 项 单位面积质量、厚度、拉伸强度、撕裂强力、圆柱顶破强力、伸长率
混凝土工程类	甲级	（一）水泥 10 项 细度、标准稠度用水量、凝结时间、安定性、胶砂流动度、胶砂强度、比表面积、烧失量、**碱含量、三氧化硫含量** （二）粉煤灰 7 项 强度活性指数、需水量比、细度、安定性、烧失量、三氧化硫含量、**含水量** （三）混凝土骨料 14 项 细度模数、（砂、石）饱和面干吸水率、含泥量、堆积密度、表观密度、针片状颗粒含量、软弱颗粒含量、**坚固性**、压碎指标、碱活性、硫酸盐及硫化物含量、有机质含量、云母含量、超逊径颗粒含量 （四）混凝土和混凝土结构 18 项 拌和物坍落度、拌和物泌水率、拌和物均匀性、拌和物含气量、**拌和物表观密度**、拌和物凝结时间、拌和物水胶比、抗压强度、轴向抗拉强度、抗折强度、弹性模量、抗渗等级、**抗冻等级**、钢筋间距、混凝土保护层厚度、碳化深度、回弹强度、内部缺陷 （五）钢筋 5 项 抗拉强度、屈服强度、断后伸长率、接头抗拉强度、反复弯曲 （六）砂浆 5 项 稠度、泌水率、表观密度、抗压强度、抗渗

续表 2

类别		主要检测项目及参数
混凝土工程类	甲级	（七）外加剂 12 项 减水率、固体含量(含固量)、含水率、含气量、pH 值、细度、氯离子含量、**总碱量**、收缩率比、**泌水率比、抗压强度比、凝结时间差** （八）沥青 4 项 密度、针入度、延度、软化点 （九）止水带材料检测 4 项 **拉伸强度、拉断伸长率、撕裂强度、压缩永久变形**
	乙级	（一）水泥 6 项 细度、标准稠度用水量、凝结时间、安定性、胶砂流动度、胶砂强度 （二）混凝土骨料 9 项 细度模数、(砂、石)饱和面干吸水率、含泥量、堆积密度、表观密度、针片状颗粒含量、**坚固性**、压碎指标、软弱颗粒含量 （三）混凝土和混凝土结构 9 项 拌和物坍落度、拌和物泌水率、拌和物均匀性、拌和物含气量、**拌和物表观密度**、拌和物凝结时间、拌和物水胶比、抗压强度、**抗折强度** （四）钢筋 5 项 抗拉强度、屈服强度、断后伸长率、接头抗拉强度、反复弯曲 （五）砂浆 4 项 稠度、泌水率、表观密度、抗压强度 （六）外加剂 7 项 减水率、固体含量(含固量)、含气量、pH 值、细度、**抗压强度比、凝结时间差**
金属结构类	甲级	（一）铸锻、焊接、材料质量与防腐涂层质量检测 16 项 铸锻件表面缺陷、**钢板表面缺陷**、铸锻件内部缺陷、**钢板内部缺陷**、焊缝表面缺陷、焊缝内部缺陷、抗拉强度、伸长率、硬度、弯曲、表面清洁度、涂料涂层厚度、涂料涂层附着力、金属涂层厚度、金属涂层结合强度、腐蚀深度与面积 （二）制造安装与在役质量检测 8 项 几何尺寸、表面缺陷、温度、变形量、振动频率、振幅、橡胶硬度、水压试验 （三）启闭机与清污机检测 14 项 电压、电流、电阻、启门力、闭门力、钢丝绳缺陷、硬度、上拱度、上翘度、挠度、行程、压力、表面粗糙度、负荷试验
	乙级	（一）铸锻、焊接、材料质量与防腐涂层质量检测 7 项 铸锻件表面缺陷、**钢板表面缺陷**、焊缝表面缺陷、焊缝内部缺陷、表面清洁度、涂料涂层厚度、涂料涂层附着力 （二）制造安装与在役质量检测 4 项 几何尺寸、表面缺陷、温度、水压试验 （三）启闭机与清污机检测 7 项 钢丝绳缺陷、硬度、主梁上拱度、上翘度、挠度、行程、压力

续表2

类别		主要检测项目及参数
机械电气类	甲级	(一)水力机械21项 流量、流速、水头(扬程)、水位、压力、压差、真空度、压力脉动、空蚀及磨损、温度、效率、转速、振动位移、振动速度、振动加速度、噪声、形位公差、粗糙度、硬度、振动频率、材料力学性能(抗拉强度、弯曲及延伸率) (二)电气设备16项 频率、电流、电压、电阻、绝缘电阻、交流耐压、直流耐压、励磁特性、变比及组别测量、相位检查、合分闸同期性、密封性试验、绝缘油介电强度、介质损耗因数、电气间隙和爬电距离、开关操作机构机械性能
	乙级	(一)水力机械10项 流量、水头(扬程)、水位、压力、空蚀及磨损、效率、转速、噪声、粗糙度、材料力学性能(抗拉强度、弯曲及延伸率) (二)电气设备8项 频率、电流、电压、电阻、绝缘电阻、励磁特性、相位检查、开关操作机构机械性能
量测类	甲级	(一)量测类24项 高程、平面位置、建筑物纵横轴线、建筑物断面几何尺寸、结构构件几何尺寸、角度、坡度、平整度、水平位移、垂直位移、振动频率、加速度、速度、接缝和裂缝开合度、倾斜、渗流量、扬压力、渗透压力、孔隙水压力、温度、应力、应变、地下水位、土压力
	乙级	(一)量测类17项 高程、平面位置、建筑物纵横轴线、建筑物断面几何尺寸、结构构件几何尺寸、坡度、平整度、水平位移、垂直位移、接缝和裂缝开合度、渗流量、扬压力、渗透压力、孔隙水压力、应力、应变、地下水位

注:表2中黑体字为新增参数。

附录十二　水利工程质量检测员管理办法

（中水协〔2009〕2 号）

第一条　为加强对水利工程质量检测员的管理,规范其从业行为,根据《水利工程质量检测管理规定》(水利部令第 36 号)和《中国水利工程协会章程》,制定本办法。

第二条　本办法所称水利工程质量检测员(以下简称质量检测员),是指具备相应的水利工程质量检测知识和能力,取得《水利工程质量检测员资格证书》,承担相应水利工程质量检测业务的人员。

第三条　质量检测员专业分为岩土工程、混凝土工程、金属结构、机械电气和量测5 类。

第四条　中国水利工程协会负责质量检测员资格考试、监督管理、教育培训等行业自律管理工作。

第五条　取得质量检测员资格,须通过中国水利工程协会组织的资格考试。

第六条　申请质量检测员资格考试者,应同时具备以下条件:

(一)取得工程及相关类初级及以上专业技术职务任职资格;或具有工程及相关类专业学习和工作经历,包括中专毕业且从事质量检测试验工作 5 年以上,大专毕业且从事质量检测试验工作 3 年以上,本科毕业且从事质量检测试验工作 1 年以上。

(二)年龄不超过 60 周岁。

第七条　申请质量检测员资格考试者,应提交以下申请材料:

(一)《水利工程质量检测员资格考试申请表》;

(二)身份证、专业技术职务任职资格证书或学历证书。

第八条　中国水利工程协会组织审查申请材料,条件合格者准予参加考试。

第九条　中国水利工程协会制定质量检测员考试大纲,组织命题,组织现场考试,确定考试合格成绩。

第十条　中国水利工程协会向考生公布考试结果,公示合格者名单,向合格者颁发《水利工程质量检测员资格证书》。

第十一条　《水利工程质量检测员资格证书》有效期一般为 3 年。

质量检测员在证书有效期内,应按有关规定参加教育培训,保持其资格的有效性。

第十二条　质量检测员应遵守下列行为规范:

(一)遵守国家法律、法规,维护社会公共利益;

(二)遵守国家有关强制性标准、技术规范和规程;

(三)服从行业自律管理,在资格专业范围内从事质量检测活动;

(四)参加教育培训,提高专业技能水平;

(五)不许他人以自己的名义从业。

第十三条　质量检测员应恪守职业道德和行为规范,保证检测数据的真实性和准确性,并对检测结果承担相应的法律责任。

第十四条 质量检测员资格有效期满需继续从业的,由质量检测单位到中国水利工程协会办理验证延续手续。

第十五条 有下列情形之一的,验证为不合格,中国水利工程协会将注销其资格:

(一)在质量检测活动中有不良记录,情节较严重的;

(二)超出资格专业范围从事质量检测活动的;

(三)未按规定参加教育培训的;

(四)超过 65 周岁的。

第十六条 取得质量检测员资格后,有下列情形之一的,中国水利工程协会将注销其资格:

(一)完全丧失民事行为能力的;

(二)死亡或者依法宣告死亡的;

(三)超过资格证书有效期而未申请验证延续的;

(四)应当注销的其他情形。

第十七条 提供虚假材料申请质量检测员资格考试的,不予受理,并给予警告,且 1 年内不得重新申请。

以欺骗、贿赂等不正当手段取得质量检测员资格证书的,撤销其资格证书。

第十八条 质量检测员涂改、出租、出借、伪造资格证书的,撤销其资格证书。

第十九条 质量检测员在从事质量检测活动中,有下列行为之一,情节严重的,撤销其资格证书:

(一)不如实记录,随意取舍检测数据的;

(二)弄虚作假、伪造数据的;

(三)未执行法律、法规和强制性标准的。

第二十条 质量检测员因过错造成质量事故的,撤销资格证书;造成重大质量事故的,撤销资格证书,5 年内不得重新申请;情节特别恶劣的,终身不得申请。

第二十一条 质量检测员被撤销资格证书,除已明确规定外,3 年内不得重新申请。

第二十二条 当事人对处罚决定有异议的,可向中国水利工程协会申请复议或向有关主管部门申诉。

第二十三条 质量检测员资格管理工作人员玩忽职守、滥用职权、徇私舞弊的,按照行业自律有关规定给予处罚;构成犯罪的,依法追究刑事责任。

第二十四条 质量检测员遗失资格证书,应当在中国水利工程协会指定的媒体声明后,向中国水利工程协会申请补发。

第二十五条 本办法自 2009 年 2 月 1 日起施行。

附录十三　人力资源社会保障部关于公布国家职业资格目录的通知

（人社部发〔2017〕68号）

各省、自治区、直辖市人民政府，国务院各部委、各直属机构：

根据国务院推进简政放权、放管结合、优化服务改革部署，为进一步加强职业资格设置实施的监管和服务，人力资源社会保障部研究制定了《国家职业资格目录》，经国务院同意，现予以公布。

建立国家职业资格目录是转变政府职能、深化行政审批制度和人才发展体制机制改革的重要内容，是推动大众创业、万众创新的重要举措。建立公开、科学、规范的职业资格目录，有利于明确政府管理的职业资格范围，解决职业资格过多过滥问题，降低就业创业门槛；有利于进一步清理违规考试、鉴定、培训、发证等活动，减轻人才负担，对于提高职业资格设置管理的科学化、规范化水平，持续激发市场主体创造活力，推进供给侧结构性改革具有重要意义。

国家按照规定的条件和程序将职业资格纳入国家职业资格目录，实行清单式管理，目录之外一律不得许可和认定职业资格，目录之内除准入类职业资格外一律不得与就业创业挂钩；目录接受社会监督，保持相对稳定，实行动态调整。设置准入类职业资格，其所涉职业（工种）必须关系公共利益或涉及国家安全、公共安全、人身健康、生命财产安全，且必须有法律法规或国务院决定作为依据；设置水平评价类职业资格，其所涉职业（工种）应具有较强的专业性和社会通用性，技术技能要求较高，行业管理和人才队伍建设确实需要。今后职业资格设置、取消及纳入、退出目录，须由人力资源社会保障部会同国务院有关部门组织专家进行评估论证、新设职业资格应当遵守《国务院关于严格控制新设行政许可的通知》（国发〔2013〕39号）规定并广泛听取社会意见后，按程序报经国务院批准。人力资源社会保障部门要加强监督管理，各地区、各部门未经批准不得在目录之外自行设置国家职业资格，严禁在目录之外开展职业资格许可和认定工作，坚决防止已取消的职业资格"死灰复燃"，对违法违规设置实施的职业资格事项，发现一起、严肃查处一起。行业协会、学会等社会组织和企事业单位依据市场需要自行开展能力水平评价活动，不得变相开展资格资质许可和认定，证书不得使用"中华人民共和国"、"中国"、"中华"、"国家"、"全国"、"职业资格"或"人员资格"等字样和国徽标志。对资格资质持有人因不具备应有职业水平导致重大过失的，负责许可认定的单位也要承担相应责任。

推行国家职业资格目录管理是一项既重要又复杂的系统性工作，各地区、各部门务必高度重视，周密部署，精心组织，搞好衔接，确保职业资格目录顺利实施，相关工作平稳过渡。要不断巩固和拓展职业资格改革成效，为各类人才和用人单位提供优质服务，为促进经济社会持续健康发展做出更大贡献。

附件：国家职业资格目录（共计140项）

人力资源社会保障部

2017年9月12日

说明：由于篇幅原因，该目录全文省略。"水利工程质量检测员资格"纳入《国家职业资格目录》的第一部分："专业技术人员职业资格"清单中，资格类别为"水平评价类"，实施部门（单位）为水利部、中国水利工程协会，设定依据：《建设工程质量管理条例》（国务院令第279号）和《水利工程质量检测管理规定》（水利部令2008年第36号）。

附录十四 水利部办公厅关于加强水利工程建设监理工程师 造价工程师 质量检测员管理的通知

(办建管〔2017〕139号)

各流域机构,各省、自治区、直辖市水利(水务)厅(局),各计划单列市水利(水务)局,新疆生产建设兵团水利局,各有关单位:

根据《国务院关于取消一批职业资格许可和认定事项的决定》和人力资源社会保障部公示的国家职业资格目录清单,水利工程建设监理工程师、水利工程造价工程师以及水利工程质量检测员(以下简称三类人员)纳入国家职业资格制度体系,实施统一管理。鉴于三类人员与水利工程建设质量和人民群众生命财产安全密切相关,在实施统一管理的新制度出台之前的过渡期,为确保水利工程建设质量和安全,保持从业人员队伍稳定,根据国家"放管服"改革精神,按照人力资源社会保障部《关于印发进一步减少和规范职业资格许可和认定事项改革方案的通知》(人社部发〔2017〕2号)和《关于集中治理职业资格证书挂靠行为的通知》有关要求,现就过渡期三类人员管理有关事项通知如下:

一、国务院取消部分职业资格许可认定事项前取得的水利工程建设监理工程师资格证书、水利工程造价工程师资格证书以及水利工程质量检测员资格证书,在实施统一管理新制度出台之前继续有效,新制度出台后,执行新制度。

二、取消水利工程建设总监理工程师职业资格。各监理单位可根据工作需要自行聘任满足工作要求的监理工程师担任总监理工程师。总监理工程师人数不再作为水利工程建设监理单位资质认定条件之一。

三、取消水利工程建设监理员职业资格。监理单位可根据工作需要自行聘任具有工程类相关专业学习和工作经历的人员担任监理员。

四、三类人员应受聘于一家单位执业,用人单位应与其签订劳动合同并及时缴纳养老、医疗、失业、工伤等法律法规规定缴纳的社会保险。

五、在资质审批、招投标和监督检查等工作过程中,需查验三类人员的资格证书、劳动合同、社会保险等资料时,各水利建设市场主体应如实提供。各流域机构和各级水行政主管部门应加强对三类人员执业情况的监督检查,发现三类人员不具备执业条件或存在职业资格证书挂靠行为、市场主体提交材料与实际情况不符等有关情形的,应责令其立即进行整改;对违反国家法律法规和水利部有关规定、构成不良行为后果的,在进行相应处罚的同时,计入不良行为记录。

六、《水利部办公厅关于取消水利工程建设监理工程师造价工程师质量检测员注册管理后加强后续管理工作的通知》(办建管〔2015〕201号)自本通知印发之日起废止。我部既往有关文件要求与本通知精神不一致的,按本通知执行。

特此通知。

水利部办公厅

2017年9月5日

附录十五　检验检测机构资质认定管理办法

（国家质量监督检验检疫总局令第 163 号）

第一章　总　则

第一条　为了规范检验检测机构资质认定工作,加强对检验检测机构的监督管理,根据《中华人民共和国计量法》及其实施细则、《中华人民共和国认证认可条例》等法律、行政法规的规定,制定本办法。

第二条　本办法所称检验检测机构,是指依法成立,依据相关标准或者技术规范,利用仪器设备、环境设施等技术条件和专业技能,对产品或者法律法规规定的特定对象进行检验检测的专业技术组织。

本办法所称资质认定,是指省级以上质量技术监督部门依据有关法律法规和标准、技术规范的规定,对检验检测机构的基本条件和技术能力是否符合法定要求实施的评价许可。

资质认定包括检验检测机构计量认证。

第三条　检验检测机构从事下列活动,应当取得资质认定:

(一)为司法机关作出的裁决出具具有证明作用的数据、结果的;

(二)为行政机关作出的行政决定出具具有证明作用的数据、结果的;

(三)为仲裁机构作出的仲裁决定出具具有证明作用的数据、结果的;

(四)为社会经济、公益活动出具具有证明作用的数据、结果的;

(五)其他法律法规规定应当取得资质认定的。

第四条　在中华人民共和国境内从事向社会出具具有证明作用的数据、结果的检验检测活动以及对检验检测机构实施资质认定和监督管理,应当遵守本办法。

法律、行政法规另有规定的,依照其规定。

第五条　国家质量监督检验检疫总局主管全国检验检测机构资质认定工作。

国家认证认可监督管理委员会(以下简称国家认监委)负责检验检测机构资质认定的统一管理、组织实施、综合协调工作。

各省、自治区、直辖市人民政府质量技术监督部门(以下简称省级资质认定部门)负责所辖区域内检验检测机构的资质认定工作;

县级以上人民政府质量技术监督部门负责所辖区域内检验检测机构的监督管理工作。

第六条　国家认监委依据国家有关法律法规和标准、技术规范的规定,制定检验检测机构资质认定基本规范、评审准则以及资质认定证书和标志的式样,并予以公布。

第七条　检验检测机构资质认定工作应当遵循统一规范、客观公正、科学准确、公平公开的原则。

第二章 资质认定条件和程序

第八条 国务院有关部门以及相关行业主管部门依法成立的检验检测机构,其资质认定由国家认监委负责组织实施;其他检验检测机构的资质认定,由其所在行政区域的省级资质认定部门负责组织实施。

第九条 申请资质认定的检验检测机构应当符合以下条件:

(一)依法成立并能够承担相应法律责任的法人或者其他组织;

(二)具有与其从事检验检测活动相适应的检验检测技术人员和管理人员;

(三)具有固定的工作场所,工作环境满足检验检测要求;

(四)具备从事检验检测活动所必需的检验检测设备设施;

(五)具有并有效运行保证其检验检测活动独立、公正、科学、诚信的管理体系;

(六)符合有关法律法规或者标准、技术规范规定的特殊要求。

第十条 检验检测机构资质认定程序:

(一)申请资质认定的检验检测机构(以下简称申请人),应当向国家认监委或者省级资质认定部门(以下统称资质认定部门)提交书面申请和相关材料,并对其真实性负责;

(二)资质认定部门应当对申请人提交的书面申请和相关材料进行初审,自收到之日起5个工作日内作出受理或者不予受理的决定,并书面告知申请人;

(三)资质认定部门应当自受理申请之日起45个工作日内,依据检验检测机构资质认定基本规范、评审准则的要求,完成对申请人的技术评审。技术评审包括书面审查和现场评审。技术评审时间不计算在资质认定期限内,资质认定部门应当将技术评审时间书面告知申请人。由于申请人整改或者其他自身原因导致无法在规定时间内完成的情况除外;

(四)资质认定部门应当自收到技术评审结论之日起20个工作日内,作出是否准予许可的书面决定。准予许可的,自作出决定之日起10个工作日内,向申请人颁发资质认定证书。不予许可的,应当书面通知申请人,并说明理由。

第十一条 资质认定证书有效期为6年。

需要延续资质认定证书有效期的,应当在其有效期届满3个月前提出申请。

资质认定部门根据检验检测机构的申请事项、自我声明和分类监管情况,采取书面审查或者现场评审的方式,作出是否准予延续的决定。

第十二条 有下列情形之一的,检验检测机构应当向资质认定部门申请办理变更手续:

(一)机构名称、地址、法人性质发生变更的;

(二)法定代表人、最高管理者、技术负责人、检验检测报告授权签字人发生变更的;

(三)资质认定检验检测项目取消的;

(四)检验检测标准或者检验检测方法发生变更的;

(五)依法需要办理变更的其他事项。

检验检测机构申请增加资质认定检验检测项目或者发生变更的事项影响其符合资质认定条件和要求的,依照本办法第十条规定的程序实施。

第十三条　资质认定证书内容包括:发证机关、获证机构名称和地址、检验检测能力范围、有效期限、证书编号、资质认定标志。

检验检测机构资质认定标志,由 China Inspection Body and Laboratory Mandatory Approval 的英文缩写 CMA 形成的图案和资质认定证书编号组成。式样如下:

第十四条　外方投资者在中国境内依法成立的检验检测机构,申请资质认定时,除应当符合本办法第九条规定的资质认定条件外,还应当符合我国外商投资法律法规的有关规定。

第十五条　检验检测机构依法设立的从事检验检测活动的分支机构,应当符合本办法第九条规定的条件,取得资质认定后,方可从事相关检验检测活动。

资质认定部门可以根据具体情况简化技术评审程序、缩短技术评审时间。

第三章　技术评审管理

第十六条　资质认定部门根据技术评审需要和专业要求,可以自行或者委托专业技术评价机构组织实施技术评审。

资质认定部门或者其委托的专业技术评价机构组织现场技术评审时,应当指派两名以上与技术评审内容相适应的评审员组成评审组,并确定评审组组长。必要时,可以聘请相关技术专家参加技术评审。

第十七条　评审组应当严格按照资质认定基本规范、评审准则开展技术评审活动,在规定时间内出具技术评审结论。

专业技术评价机构、评审组应当对其承担的技术评审活动和技术评审结论的真实性、符合性负责,并承担相应法律责任。

第十八条　评审组在技术评审中发现有不符合要求的,应当书面通知申请人限期整改,整改期限不得超过30个工作日。逾期未完成整改或者整改后仍不符合要求的,相应评审项目应当判定为不合格。

评审组在技术评审中发现申请人存在违法行为的,应当及时向资质认定部门报告。

第十九条　资质认定部门应当建立并完善评审员专业技能培训、考核、使用和监督制度。

第二十条　资质认定部门应当对技术评审活动进行监督,建立责任追究机制。

资质认定部门委托专业技术评价机构组织开展技术评审的,应当对专业技术评价机构及其组织的技术评审活动进行监督。

第二十一条　专业技术评价机构、评审员在评审活动中有下列情形之一的,资质认定

部门可以根据情节轻重,作出告诫、暂停或者取消其从事技术评审活动的处理:

(一)未按照资质认定基本规范、评审准则规定的要求和时间实施技术评审的;

(二)对同一检验检测机构既从事咨询又从事技术评审的;

(三)与所评审的检验检测机构有利害关系或者其评审可能对公正性产生影响,未进行回避的;

(四)透露工作中所知悉的国家秘密、商业秘密或者技术秘密的;

(五)向所评审的检验检测机构谋取不正当利益的;

(六)出具虚假或者不实的技术评审结论的。

第四章　检验检测机构从业规范

第二十二条　检验检测机构及其人员从事检验检测活动,应当遵守国家相关法律法规的规定,遵循客观独立、公平公正、诚实信用原则,恪守职业道德,承担社会责任。

第二十三条　检验检测机构及其人员应当独立于其出具的检验检测数据、结果所涉及的利益相关各方,不受任何可能干扰其技术判断因素的影响,确保检验检测数据、结果的真实、客观、准确。

第二十四条　检验检测机构应当定期审查和完善管理体系,保证其基本条件和技术能力能够持续符合资质认定条件和要求,并确保管理体系有效运行。

第二十五条　检验检测机构应当在资质认定证书规定的检验检测能力范围内,依据相关标准或者技术规范规定的程序和要求,出具检验检测数据、结果。

检验检测机构出具检验检测数据、结果时,应当注明检验检测依据,并使用符合资质认定基本规范、评审准则规定的用语进行表述。

检验检测机构对其出具的检验检测数据、结果负责,并承担相应法律责任。

第二十六条　从事检验检测活动的人员,不得同时在两个以上检验检测机构从业。

检验检测机构授权签字人应当符合资质认定评审准则规定的能力要求。非授权签字人不得签发检验检测报告。

第二十七条　检验检测机构不得转让、出租、出借资质认定证书和标志;不得伪造、变造、冒用、租借资质认定证书和标志;不得使用已失效、撤销、注销的资质认定证书和标志。

第二十八条　检验检测机构向社会出具具有证明作用的检验检测数据、结果的,应当在其检验检测报告上加盖检验检测专用章,并标注资质认定标志。

第二十九条　检验检测机构应当按照相关标准、技术规范以及资质认定评审准则规定的要求,对其检验检测的样品进行管理。

检验检测机构接受委托送检的,其检验检测数据、结果仅证明样品所检验检测项目的符合性情况。

第三十条　检验检测机构应当对检验检测原始记录和报告归档留存,保证其具有可追溯性。

原始记录和报告的保存期限不少于6年。

第三十一条　检验检测机构需要分包检验检测项目时,应当按照资质认定评审准则的规定,分包给依法取得资质认定并有能力完成分包项目的检验检测机构,并在检验检测报告中标注分包情况。

具体分包的检验检测项目应当事先取得委托人书面同意。

第三十二条　检验检测机构及其人员应当对其在检验检测活动中所知悉的国家秘密、商业秘密和技术秘密负有保密义务,并制定实施相应的保密措施。

第五章　监督管理

第三十三条　国家认监委组织对检验检测机构实施监督管理,对省级资质认定部门的资质认定工作进行监督和指导。

省级资质认定部门自行或者组织地(市)、县级质量技术监督部门对所辖区域内的检验检测机构进行监督检查,依法查处违法行为;定期向国家认监委报送年度资质认定工作情况、监督检查结果、统计数据等相关信息。

地(市)、县级质量技术监督部门对所辖区域内的检验检测机构进行监督检查,依法查处违法行为,并将查处结果上报省级资质认定部门。涉及国家认监委或者其他省级资质认定部门的,由其省级资质认定部门负责上报或者通报。

第三十四条　资质认定部门根据检验检测专业领域风险程度、检验检测机构自我声明、认可机构认可以及监督检查、举报投诉等情况,建立检验检测机构诚信档案,实施分类监管。

第三十五条　检验检测机构应当按照资质认定部门的要求,参加其组织开展的能力验证或者比对,以保证持续符合资质认定条件和要求。

鼓励检验检测机构参加有关政府部门、国际组织、专业技术评价机构组织开展的检验检测机构能力验证或者比对。

第三十六条　资质认定部门应当在其官方网站上公布取得资质认定的检验检测机构信息,并注明资质认定证书状态。

国家认监委应当建立全国检验检测机构资质认定信息查询平台,以便社会查询和监督。

第三十七条　检验检测机构应当定期向资质认定部门上报包括持续符合资质认定条件和要求、遵守从业规范、开展检验检测活动等内容的年度报告,以及统计数据等相关信息。

检验检测机构应当在其官方网站或者以其他公开方式,公布其遵守法律法规、独立公正从业、履行社会责任等情况的自我声明,并对声明的真实性负责。

第三十八条　资质认定部门可以根据监督管理需要,就有关事项询问检验检测机构负责人和相关人员,发现存在问题的,应当给予告诫。

第三十九条　检验检测机构有下列情形之一的,资质认定部门应当依法办理注销手续:

(一)资质认定证书有效期届满,未申请延续或者依法不予延续批准的;

(二)检验检测机构依法终止的;

(三)检验检测机构申请注销资质认定证书的;

(四)法律法规规定应当注销的其他情形。

第四十条　对检验检测机构、专业技术评价机构或者资质认定部门及相关人员的违法违规行为,任何单位和个人有权举报。相关部门应当依据各自职责及时处理,并为举报人保密。

第六章　法律责任

第四十一条　检验检测机构未依法取得资质认定,擅自向社会出具具有证明作用数据、结果的,由县级以上质量技术监督部门责令改正,处3万元以下罚款。

第四十二条　检验检测机构有下列情形之一的,由县级以上质量技术监督部门责令其1个月内改正;逾期未改正或者改正后仍不符合要求的,处1万元以下罚款:

(一)违反本办法第二十五条、第二十八条规定出具检验检测数据、结果的;

(二)未按照本办法规定对检验检测人员实施有效管理,影响检验检测独立、公正、诚信的;

(三)未按照本办法规定对原始记录和报告进行管理、保存的;

(四)违反本办法和评审准则规定分包检验检测项目的;

(五)未按照本办法规定办理变更手续的;

(六)未按照资质认定部门要求参加能力验证或者比对的;

(七)未按照本办法规定上报年度报告、统计数据等相关信息或者自我声明内容虚假的;

(八)无正当理由拒不接受、不配合监督检查的。

第四十三条　检验检测机构有下列情形之一的,由县级以上质量技术监督部门责令整改,处3万元以下罚款:

(一)基本条件和技术能力不能持续符合资质认定条件和要求,擅自向社会出具具有证明作用数据、结果的;

(二)超出资质认定证书规定的检验检测能力范围,擅自向社会出具具有证明作用数据、结果的;

(三)出具的检验检测数据、结果失实的;

(四)接受影响检验检测公正性的资助或者存在影响检验检测公正性行为的;

(五)非授权签字人签发检验检测报告的。

前款规定的整改期限不超过3个月。整改期间,检验检测机构不得向社会出具具有证明作用的检验检测数据、结果。

第四十四条　检验检测机构违反本办法第二十七条规定的,由县级以上质量技术监督部门责令改正,处3万元以下罚款。

第四十五条　检验检测机构有下列情形之一的,资质认定部门应当撤销其资质认定证书:

(一)未经检验检测或者以篡改数据、结果等方式,出具虚假检验检测数据、结果的;

(二)违反本办法第四十三条规定,整改期间擅自对外出具检验检测数据、结果,或者逾期未改正、改正后仍不符合要求的;

(三)以欺骗、贿赂等不正当手段取得资质认定的;

（四）依法应当撤销资质认定证书的其他情形。

被撤销资质认定证书的检验检测机构，三年内不得再次申请资质认定。

第四十六条　检验检测机构申请资质认定时提供虚假材料或者隐瞒有关情况的，资质认定部门不予受理或者不予许可。检验检测机构在一年内不得再次申请资质认定。

第四十七条　从事资质认定和监督管理的人员，在工作中滥用职权、玩忽职守、徇私舞弊的，依法予以处理；构成犯罪的，依法追究刑事责任。

第七章　附　则

第四十八条　资质认定收费，依据国家有关规定执行。

第四十九条　本办法由国家质量监督检验检疫总局负责解释。

第五十条　本办法自 2015 年 8 月 1 日起施行。国家质量监督检验检疫总局于 2006 年 2 月 21 日发布的《实验室和检查机构资质认定管理办法》同时废止。

附录十六　国家认监委关于检验检测机构资质认定工作采用相关认证认可行业标准的通知

（国认实〔2018〕28 号）

各省、自治区、直辖市质量技术监督局（市场监督管理部门），中国合格评定国家认可中心，各国家资质认定（计量认证）行业评审组，各有关检验检测机构：

2017 年 10 月 16 日，国家认监委印发了《国家认监委关于发布 2017 年第四批认证认可行业标准的通知》（国认科〔2017〕124 号），发布了《检验检测机构资质认定能力评价 检验检测机构通用要求》（RB/T 214—2017）等五项涉及检验检测机构资质认定评审和管理的认证认可行业标准。相关行业标准吸收了国际标准最新内容，融合了国内相关管理部门的特殊要求，对检验检测机构资质认定的评审和管理活动进行了进一步规范，充分体现了国务院"放管服"的改革精神，是检验检测机构资质认定制度深化改革的重要成果。

为进一步推进检验检测机构资质管理制度改革完善，经研究，现就相关认证认可行业标准的使用明确如下：

一、使用下列认证认可行业标准作为相关领域检验检测机构的资质认定评审依据

检验检测机构资质认定评审继续遵循"通用要求＋特殊要求"的模式。

（一）通用评审要求

《检验检测机构资质认定能力评价 检验检测机构通用要求》（RB/T 214—2017），适用所有检验检测领域。

（二）特定领域评审要求

1.《检验检测机构资质认定能力评价 机动车检验机构要求》（RB/T 218—2017），适用机动车安全技术检验机构、机动车排放检验机构和汽车综合性能检验机构等。

2.《检验检测机构资质认定能力评价 司法鉴定机构要求》（RB/T 219—2017），适用司法鉴定机构。

二、使用《检验检测机构资质认定能力评价 评审员管理要求》（RB/T 213—2017）作为资质认定评审员管理依据

三、使用《检验检测机构资质认定能力评价 食品复检机构要求》（RB/T 216—2017）作为食品复检机构名录公布的条件要求

四、过渡期安排

前述五项认证认可行业标准于 2018 年 6 月 1 日起在检验检测机构资质认定评审和管理中开始试行，2019 年 1 月 1 日全面实施。

五、文件替代要求

2016 年 5 月 31 日国家认监委印发的《国家认监委关于印发〈检验检测机构资质认定评审准则〉及释义》《检验检测机构资质认定评审员管理要求》（国认实〔2016〕33 号），2015 年 7 月 29 日发布的《检验检测机构资质认定司法鉴定机构要求》，于 2019 年 1 月 1 日过渡期结束后失效，由前述认证认可行业标准替代。

特此通知。

附件：
1. 检验检测机构资质认定能力评价　检验检测机构通用要求（RB/T 214—2017）
2. 检验检测机构资质认定能力评价　机动车检验机构要求（RB/T 218—2017）
3. 检验检测机构资质认定能力评价　司法鉴定机构要求（RB/T 219—2017）
4. 检验检测机构资质认定能力评价　评审员管理要求（RB/T 213—2017）
5. 检验检测机构资质认定能力评价　食品复检机构要求（RB/T 216—2017）

国家认监委

2018 年 5 月 7 日

附件：

检验检测机构资质认定能力评价　检验检测机构通用要求

引言

检验检测机构在中华人民共和国境内从事向社会出具具有证明作用的数据、结果的检验检测机应取得资质认定。

检验检测机资质认定是一项确保检验检测数据、结果的真实、客观、准确的行政许可制度。

本标准是检验检测机资质认定对检验检测机构能力评价的通用要求，针对不同领域的检验检测机构，应参考依据本标准发布的相应领域的补充要求。

1　范围

本标准规定了对检验检测机构进行资质认定能力评价时，在机构、人员、场所环境、设备设施、管理体系方面的通用要求。

本标准适用于向社会出具具有证明作用的数据、结果的检验检测机构的资质认定能力评价，也适用于检验检测机构的自我评价。

2　规范性引用文件

下列文件对于本文件的应用是必不可少的。凡是注日期的引用文件，仅注日期的版本适用于本文件。凡是不注日期的引用文件，其最新版本（包括所有的修改单）适用于本文件。

GB/T 19000 质量管理体系　基础和术语

GB/T 27000 合格评定　词汇和通用原则

GB/T 27020 合格评定　各类检验机构能力的通用要求

GB/T 27025 检测和校准实验室能力的通用要求

JJF 1001 通用计量术语及定义

3 术语和定义

GB/T 19000、GB/T 27000、GB/T 27020、GB/T 27025、JJF 1001 界定的以及下列术语和定义适用于本文件。

3.1 检验检测机构 inspection body and laboratory

依法成立,依据相关标准或者技术规范,利用仪器设备、环境设施等技术条件和专业技能,对产品或者法律法规规定的特定对象进行检验检测的专业技术组织。

3.2 资质认定 mandatory approval

国家认证认可监督管理委员会和省级质量技术监督部门依据有关法律法规和标准、技术规范的规定,对检验检测机构的基本条件和技术能力是否符合法定要求实施的评价许可。

3.3 资质认定评审 assessment of mandatory approval

国家认证认可监督管理委员会和省级质量技术监督部门依据《中华人民共和国行政许可法》的有关规定,自行或者委托专业技术评价机构,组织评审人员,对检验检测机构的基本条件和技术能力是否符合《检验检测机构资质认定评审准则》和评审补充要求所进行的审查和考核。

3.4 公正性 impartiality

检验检测活动不存在利益冲突。

3.5 投诉 complaint

任何人员或组织向检验检测机构或结果表达不满意,并期望得到回复的行为。

3.6 能力验证 proficiency testing

依据预先制定的准则,采用检验检测机构间比对的方式,评价参加者的能力。

3.7 判断规则 decision rule

当检验检测机构做出与规范或标准符合性的声明时,描述如何考虑测量不确定度的规则。

3.8 验证 verification

提供客观的证据,证明给定项目是否满足规定要求。

3.9 确认 validation

对规定要求是否满足预期用途的验证。

4 要求

4.1 机构

4.1.1 检验检测机构应是依法成立并能够承担法律责任的法人或者其他组织。检验检测机构或其所在的组织应有明确的法律地位,对其出具的检验检测数据、结果负责,并承担相应法律责任。不具备独立法人资格的检验检测机构应经所在法人单位授权。

4.1.2 检验检测机构应明确其组织结构及管理、技术运作和支持服务之间的关系。检验检测机构应配备检验检测活动所需的人员、设施、设备、系统及支持服务。

4.1.3　检验检测机构及其人员从事检验检测活动,应遵守国家相关法律法规的规定,遵循客观独立、公平公正、诚实信用原则,恪守职业道德,承担社会责任。

4.1.4　检验检测机构应建立和保持维护其公正和诚信的程序。检验检测机构及其人员应不受来自内外部的、不正当的商业、财务和其他方面的压力和影响,确保检验检测数据、结果的真实、客观、准确和可追溯。检验检测机构应建立识别出公正性风险的长效机制。如识别出公正性风险,检验检测机构应能证明消除或减少该风险。若检验检测机构所在的组织还从事检验检测以外的活动,应识别并采取措施避免潜在的利益冲突。检验检测机构不得使用同时在两个及以上检验检测机构从业的人员。

4.1.5　检验检测机构应建立和保持保护客户秘密和所有权的程序,该程序应包括保护电子存储和传输结果信息的要求。检验检测机构及其人员应对其在检验检测活动中所知悉的国家秘密、商业秘密和技术秘密负有保密义务,并制定和实施相应的保密措施。

4.2　人员

4.2.1　检验检测机构应建立和保持人员管理程序,对人员资格确认、任用、授权和能力保持等进行规范管理。检验检测机构应与其人员建立劳动、聘用或录用关系,明确技术人员和管理人员的岗位职责、任职要求和工作关系,使其满足岗位要求并具有所需的权力和资源,履行建立、实施、保持和持续改进管理体系的职责。检验检测机构中所有可能影响检验检测活动的人员,无论内部还是外部人员,均应行为公正,受到监督,胜任工作,并按照管理体系要求履行职责。

4.2.2　检验检测机构应确定全权负责的管理层,管理层应履行其对管理体系的领导作用和承诺:

　　a)对公正性做出承诺;

　　b)负责管理体系的建立和有效运行;

　　c)确保管理体系所需的资源;

　　d)确保制定质量方针和质量目标;

　　e)确保管理体系要求融入检验检测的全过程;

　　f)组织管理体系的管理评审;

　　g)确保管理体系实现其预期结果;

　　h)满足相关法律法规要求和客户要求;

　　i)提升客户满意度;

　　j)运用过程方法建立管理体系和分析风险、机遇。

4.2.3　检验检测机构的技术负责人应具有中级及以上专业技术职称或同等能力,全面负责技术运作;质量负责人应确保管理体系得到实施和保持;应指定关键管理人员的代理人。

4.2.4　检验检测机构的授权签字人应具有中级及以上专业技术职称或同等能力,并经资质认定部门批准,非授权签字人不得签发检验检测报告或证书。

4.2.5　检验检测机构应对抽样、操作设备、检验检测、签发检验检测报告或证书以及提出意见和解释的人员,依据相应的教育、培训、技能和经验进行能力确认。应由熟悉检验检测目的、程序、方法和结果评价的人员,对检验检测人员包括实习员工进行监督。

4.2.6　检验检测机构应建立和保持人员培训程序,确定人员的教育和培训目标,明确培训需求和实施人员培训。培训计划应与检验检测机构当前和预期的任务相适应。

4.2.7　检验检测机构应保留人员的相关资格、能力确认、授权、教育、培训和监督的记录,记录包含能力要求的确定、人员选择、人员培训、人员监督、人员授权和人员能力监控。

4.3　场所环境

4.3.1　检验检测机构应有固定的、临时的、可移动的或多个地点的场所,上述场所应满足相关法律法规、标准或者技术规范要求。检验检测机构应将其从事检验检测活动所必需的场所、环境要求制定成文件。

4.3.2　检验检测机构应确保其工作环境满足检验检测的要求。检验检测机构在固定场所以外进行检验检测或抽样时,应提出相应的控制要求,以确保环境条件满足检验检测标准或者技术规范的要求。

4.3.3　检验检测标准或者技术规范对环境条件有要求时或环境条件影响检验检测结果时,应监测、控制和记录环境条件。当环境条件不利于检验检测的开展时,应停止检验检测活动。

4.3.4　检验检测机构应建立和保持检验检测场所良好的内务管理程序,该程序应考虑安全和环境的因素。检验检测机构应将不相容活动的相邻区域进行有效隔离,应采取措施以防止干扰或者交叉污染。检验检测机构应对使用和进入影响检验检测质量的区域加以控制,并根据特定情况确定控制的范围。

4.4　设备设施

4.4.1　设备设施的配备

检验检测机构应配备满足检验检测(包括抽样、物品制备、数据处理与分析)要求的设备和设施。用于检验检测的设施,应有利于检验检测工作的正常开展。设备包括检验检测活动所必需并影响结果的仪器、软件、测量标准、标准物质、参考数据、试剂、消耗品、辅助设备或相应组合装置。检验检测机构使用非本机构的设施和设备时,应确保满足本标准要求。

检验检测机构租用仪器设备开展检验检测时,应确保:

a)租用仪器设备的管理应纳入本检验检测机构的管理体系;

b)本检验检测机构可全权支配使用,即:租用的仪器设备由本检验检测机构的人员操作、维护、检定或校准,并对使用环境和储存条件进行控制;

c)在租赁合同中明确规定租用设备的使用权;

d)同一台设备不允许在同一时期被不同检验检测机构共用租赁和资质认定。

4.4.2　设备设施的维护

检验检测机构应建立和保持检验检测设备和设施管理程序,以确保设备和设施的配置、使用和维护满足检验检测工作要求。

4.4.3　设备管理

检验检测机构应对检验检测结果、抽样结果的准确性或有效性有影响或计量溯源性有要求的设备,包括用于测量环境条件等辅助测量设备有计划地实施检定或校准。设备在投入使用前,应采用核查、检定或校准等方式,以确认其是否满足检验检测的要求。所有需要检定、校准或有有效期的设备应使用标签、编码或以其他方式标识,以便使用人员易于识别检定、校准的状态或有效期。

检验检测设备,包括硬件和软件设备应得到保护,以避免出现致使检验检测结果失效的调整。检验检测机构的参考标准应满足溯源要求。无法溯源到国家或国际测量标准时,检验检测机构应保留检验检测结果相关性或准确性的证据。

当需要利用期间核查以保持设备的可信度时,应建立和保持相关的程序。针对校准结果包含的修正信息或标准物质包含的参考值,检验检测机构应确保在其检测数据及相关记录中加以利用并备份和更新。

4.4.4　设备控制

检验检测机构应保存对检验检测具有影响的设备及其软件的记录。用于检验检测并对结果有影响的设备及其软件,如可能,应加以唯一性标识。检验检测设备应由经过授权的人员操作并对其进行正常维护。若设备脱离了检验检测机构的直接控制,应确保该设备返回后,在使用前对其功能和检定、校准状态进行核查,并得到满意结果。

4.4.5　故障处理

设备出现故障或者异常时,检验检测机构应采取相应措施,如停止使用、隔离或加贴停用标签、标记,直至修复并通过检定、校准或核查表明能正常工作为止。应核查这些缺陷或偏离对以前检验检测结果的影响。

4.4.6　标准物质

检验检测机构应建立和保持标准物质管理程序。标准物质应尽可能溯源到国际单位制(SI)单位或有证标准物质。检验检测机构应根据程序对标准物质进行期间核查。

4.5　管理体系

4.5.1　总则

检验检测机构应建立、实施和保持与其活动范围相适应的管理体系,应将其政策、制度、计划、程序和指导书制订成文件,管理体系文件应传达至有关人员,并被其获取、理解、执行。检验检测机构管理体系至少包括:管理体系文件、管理体系文件的控制、记录控制、应对风险和机遇的措施、改进、纠正措施、内部审核和管理评审。

4.5.2　方针目标

检验检测机构应阐明质量方针,制定质量目标,并在管理评审时予以评审。

4.5.3　文件控制

检验检测机构应建立和保持控制其管理体系的内部和外部文件的程序,明确文件的标识、批准、发布、变更和废止,防止使用无效、作废的文件。

4.5.4　合同评审

检验检测机构应建立和保持评审客户要求、标书、合同的程序。对要求、标书、合同的偏离、变更应征得客户同意并通知相关人员。当客户要求出具的检验检测报告或证书中包含对标准或规范的符合性声明(如合格或不合格)时,检验检测机构应有相应的判定规则。若标准或规范不包含判定规则内容,检验检测机构选择的判定规则应与客户沟通并得到同意。

4.5.5 分包

检验检测机构需分包检验检测项目时,应分包给已取得检验检测机构资质认定并有能力完成分包项目的检验检测机构,具体分包的检验检测项目和承担分包项目的检验检测机构应事先取得委托人的同意,出具检验检测报告或证书时,应将分包项目予以区分。

检验检测机构实施分包前,应建立和保持分包的管理程序,并在检验检测业务洽谈、合同评审和合同签署过程中予以实施。

检验检测机构不得将法律法规、技术标准等文件禁止分包的项目实施分包。

4.5.6 采购

检验检测机构应建立和保持选择和购买对检验检测质量有影响的服务和供应品的程序。明确服务、供应品、试剂、消耗材料等的购买、验收、存储的要求,并保存对供应商的评价记录。

4.5.7 服务客户

检验检测机构应建立和保持服务客户的程序,包括:保持与客户沟通,对客户进行服务满意度调查、跟踪客户的需求,以及允许客户或其代表合理进入为其检验检测的相关区域观察。

4.5.8 投诉

检验检测机构应建立和保持处理投诉的程序。明确对投诉的接收、确认、调查和处理职责,跟踪和记录投诉,确保采取适宜的措施,并注重人员的回避。

4.5.9 不符合工作控制

检验检测机构应建立和保持出现不符合工作的处理程序,当检验检测机构活动或结果不符合其自身程序或与客户达成一致的要求时,检验检测机构应实施该程序。该程序应确保:

a) 明确对不符合工作进行管理的职责和权力;

b) 针对风险等级采取措施;

c) 对不符合工作的严重性进行评价,包括对以前结果的影响分析;

d) 对不符合工作的可接受性做出决定;

e) 必要时,通知客户并取消工作;

f) 规定批准恢复工作的职责;

g) 记录所描述的不符合工作和措施。

4.5.10 纠正措施、应对风险和机遇的措施和改进

检验检测机构应建立和保持在识别出不符合时,采取纠正措施的程序。检验检测机构应通过实施质量方针、质量目标,应用审核结果、数据分析、纠正措施、管理评审人员建议、风险评估、能力验证和客户反馈等信息来持续改进管理体系的适宜性、充分性和有效性。

检验检测机构应考虑与检验检测活动有关的风险和机遇,以利于:确保管理体系能够实现其预期结果;把握实现目标的机遇;预防或减少检验检测活动中的不利影响和潜在的失败;实现管理体系改进。检验检测机构应策划:应对这些风险和机遇的措施;如何在管理体系中整合并实施这些措施;如何评价这些措施的有效性。

4.5.11 记录控制

检验检测机构应建立和保持记录管理程序,确保每一项检验检测活动技术记录的信息充分,确保记录的标识、储存、保护、检索、保留和处置符合要求。

4.5.12 内部审核

检验检测机构应建立和保持管理体系内部审核的程序,以便验证其运作是否符合管理体系和本标准的要求,管理体系是否得到有效的实施和保持。内部审核通常每年一次,由质量负责人策划内审并制定审核方案。内审员须经过培训,具备相应资格。若资源允许,内审员应独立于被审核的活动。检验检测机构应:

a)依据有关过程的重要性、对检验检测机构产生影响的变化和以往的审核结果,策划、制定、实施和保持审核方案,审核方案包括频次、方法、职责、策划要求和报告;

b)规定每次审核的审核要求和范围;

c)选择审核员并实施审核;

d)确保将审核结果报告给相关管理者;

e)及时采取适当的纠正和纠正措施;

f)保留形成文件的信息,作为实施审核方案以及审核结果的证据。

4.5.13 管理评审

检验检测机构应建立和保持管理评审的程序。管理评审通常12个月一次,由管理层负责。管理层应确保管理评审后,得出的相应变更或改进措施予以实施,确保管理体系的适宜性、充分性和有效性。应保留管理评审的记录。管理评审输入应包括以下信息:

a)检验检测机构相关的内外部因素的变化;

b)目标的可行性;

c)政策和程序的适用性;

d)以往管理评审所采取措施的情况;

e)近期内部审核的结果;

f)纠正措施;

g)由外部机构进行的评审;

h)工作量和工作类型的变化或检验检测机构活动范围的变化;

i)客户和员工的反馈;

j)投诉;

k)实施改进的有效性;

l)资源配备的合理性;

m)风险识别的可控性;

n)结果质量的保障性;

o)其他相关因素,如监督活动{原准则为"质量控制"}和培训。

管理评审输出应包括以下内容:

a)管理体系及其过程的有效性;

b)符合本标准要求的改进;

c)提供所需的资源;

d)变更的需求。

4.5.14 方法的选择、验证和确认

检验检测机构应建立和保持检验检测方法控制程序。检验检测方法包括标准方法、非标准方法(含自制方法)。应优先使用标准方法,并确保使用标准的有效版本。在使用标准方法前,应进行验证。在使用非标准方法(含自制方法)前,应进行确认。检验检测机构应跟踪方法的变化,并重新进行验证或确认。必要时检验检测机构应制定作业指导书。如确需方法偏离,应有文件规定,经技术判断和批准,并征得客户同意。当客户建议的方法不适合或已过期时,应通知客户。

非标准方法(含自制方法)的使用,应事先征得客户同意,并告知客户相关方法可能存在的风险。需要时,检验检测机构应建立和保持开发自制方法控制程序,自制方法应经确认。检验检测机构应记录作为确认证据的信息:使用的确认程序、规定的要求、方法性能特征的确定、获得的结果和描述该方法满足预期用途的有效性声明。

4.5.15 测量不确定度

检验检测机构应根据需要建立和保持应用评定测量不确定度的程序。

检验检测项目中有测量不确定度的要求时,检验检测机构应建立和保持应用评定测量不确定度的程序。检验检测机构应建立相应的数学模型,给出相应检验检测能力的评定测量不确定度案例。检验检测机构可在检验检测出现临界值、内部质量控制或客户有要求时,需要报告测量不确定度。

4.5.16 数据信息管理

检验检测机构应获得检验检测活动所需的数据和信息,并对其信息管理系统进行有效管理。

检验检测机构应对计算和数据转移进行系统和适当地检查。当利用计算机或自动化设备对检验检测数据进行采集、处理、记录、报告、存储或检索时,检验检测机构应:

a)将自行开发的计算机软件形成文件,使用前确认其适用性,并进行定期确认、改变或升级后再次确认,应保留确认记录;

b)建立和保持数据完整性、正确性和保密性的保护程序;

c)定期维护计算机和自动设备,保持其功能正常。

4.5.17 抽样

检验检测机构为后续的检验检测,需要对物质、材料或产品进行抽样时,应建立和保持抽样控制程序。抽样计划应根据适当的统计方法制订,抽样应确保检验检测结果的有效性。当客户对抽样程序有偏离的要求时,应予以详细记录,同时告知相关人员。如果客户要求的偏离影响到检验检测结果,应在报告、证书中做出声明。

4.5.18 样品处置

检验检测机构应建立和保持样品管理程序,以保护样品的完整性并为客户保密。检验检测机构应有样品的标识系统,并在检验检测整个期间保留该标识。在接收样品时,应记录样品的异常情况或记录对检验检测方法的偏离。样品在运输、接收、处置、保护、存储、保留、清理或返回过程中应予以控制和记录。当样品需要存放或养护时,应维护、监控和记录环境条件。

4.5.19　结果有效性

检验检测机构应建立和保持监控结果有效性的程序。检验检测机构可采用定期使用标准物质、定期使用经过检定或校准的具有溯源性的替代仪器、对设备的功能进行检查、运用工作标准与控制图、使用相同或不同方法进行重复检验检测、保存样品的再次检验检测、分析样品不同结果的相关性、对报告数据进行审核、参加能力验证或机构之间比对、机构内部比对、盲样检验检测等进行监控。检验检测机构所有数据的记录方式应便于发现其发展趋势，若发现偏离预先判据，应采取有效的纠正措施纠正出现的问题，防止出现错误的结果。质量控制应有适当的方法和计划并加以评价。

4.5.20　结果报告

检验检测机构应准确、清晰、明确、客观地出具检验检测结果，符合检验检测方法的规定，并确保检验检测结果的有效性。结果通常应以检验检测报告或证书的形式发出。检验检测报告或证书应至少包括下列信息：

a）标题；

b）标注资质认定标志，加盖检验检测专用章（适用时）；

c）检验检测机构的名称和地址，检验检测的地点（如果与检验检测机构的地址不同）；

d）检验检测报告或证书的唯一性标识（如系列号）和每一页上的标识，以确保能够识别该页是属于检验检测报告或证书的一部分，以及表明检验检测报告或证书结束的清晰标识；

e）客户的名称和联系信息；

f）对所用检验检测方法的识别；

g）检验检测样品的描述、状态和标识；

h）检验检测的日期。对检验检测结果的有效性和应用有重大影响时，注明样品的接收日期和抽样日期；

i）对检验检测结果的有效性或应用有影响时，提供检验检测机构或其他机构所用的抽样计划和程序的说明；

j）检验检测报告或证书签发人的姓名、签字或等效的标识和签发日期；

k）检验检测结果的测量单位（适用时）；

l）检验检测机构不负责抽样（如样品是由客户提供）时，应在报告或证书中声明结果仅适用于客户提供的样品；

m）检验检测结果来自于外部提供者时的清晰标注；

n）检验检测机构应做出未经本机构批准，不得复制（全文复制除外）报告或证书的声明。

4.5.21　结果说明

当需对检验检测结果进行说明时，检验检测报告或证书中还应包括下列内容：

a）对检验检测方法的偏离、增加或删减，以及特定检验检测条件的信息，如环境条件；

b）适用时，给出符合（或不符合）要求或规范的声明；

c)当测量不确定度与检测结果的有效性或应用有关,或客户有要求,或当测量不确定度影响到对结果规范限度的符合性时,检验检测报告或证书中还需要包括测量不确定度的信息;

d)适用且需要时,提出意见和解释;

e)特定检验检测方法或客户所要求的附加信息。报告或证书涉及使用客户提供的数据时,应有明确的标识。当客户提供的信息可能影响结果的有效性时,报告或证书中应有免责声明。

4.5.22　抽样结果

当检验检测机构从事抽样时,应有完整、充分的信息支撑其检验检测报告或证书。

4.5.23　意见和解释

当需要对报告或证书做出意见和解释时,检验检测机构应将意见和解释的依据形成文件。意见和解释应在检验检测报告或证书中清晰标注。

4.5.24　分包结果

当检验检测报告或证书包含了由分包方出具的检验检测结果时,这些结果应予以清晰标明。

4.5.25　结果传送和格式

当用电话、传真或其他电子或电磁方式传送检验检测结果时,应满足本标准对数据控制的要求。检验检测报告或证书的格式应设计为适用于所进行的各种检验检测类型,并尽量减小产生误解或误用的可能性。

4.5.26　修改

检验检测报告或证书签发后,若有更正或增补应予以记录。修订的检验检测报告或证书应标明所代替的报告或证书,并注以唯一性标识。

4.5.27　记录和保存

检验检测机构应当对检验检测原始记录、报告或证书归档留存,保证其具有可追溯性。检验检测原始记录、报告、证书的保存期限通常不少于 6 年。

参 考 文 献

[1] 检验检测机构资质认定管理办法:2015 年 4 月 9 日国家质量监督检验检疫总局令第 163 号[S].
[2] 质量管理体系　要求:GB/T 19001[S].
[3] 实验室　生物安全通用要求:GB 19489[S].
[4] 医学实验室　质量和能力的专用要求:GB/T 22576[S].
[5] 检验检测机构诚信基本要求:GB/T 31880[S].

参 考 文 献

［1］ 国家质量监督检验检疫总局,国家认证认可监督管理委员会.《检验检测机构资质认定管理办法》释义［M］.北京:中国质检出版社,中国标准出版社,2015.12.

［2］ 陈华康.计量认证知识问答及共同讨论的问题［M］.2006.

［3］ 王东升.检测机构最高管理层构成与建工检测机构授权签字人设置和要求［EB/QL］.http://www.sdjdjc.com/Index.asp.

［4］ 中华人民共和国国家标准.检测和校准实验室能力的通用要求(GB/T 27025—2008)［S］.

［5］ 中华人民共和国标准.质量管理体系——基础和术语(GB/T 19000—2016)［S］.

［6］ 王建辉.实验室质量管理与资质认定［M］.郑州:黄河水利出版社,2007.

［7］ 国家认证认可监督管理委员会.检验检测机构资质认定评审员教程［M］.北京:中国标准出版社,2018.